SUR L'APPLICATION

DE LA

STÉRÉOCHIMIE

AUX

RÉACTIONS INTERNES

ENTRE

LES RADICAUX ÉLOIGNÉS D'UNE MÊME MOLÉCULE

PAR

R. THOMAS-MAMERT

PARIS

GEORGES CARRÉ, ÉDITEUR

3, RUE RACINE, 3

—

1895

SUR

L'APPLICATION DE LA STÉRÉOCHIMIE

AUX

RÉACTIONS INTERNES

ENTRE

LES RADICAUX ÉLOIGNÉS D'UNE MÊME MOLÉCULE

PAR

R. THOMAS-MAMERT

PREMIÈRE PARTIE

Dans les formules structurales basées presque uniquement sur la liaison ou dépendance immédiate des atomes les uns avec les autres, la question des dispositions spatiales des radicaux fixés au squelette carboné de la molécule, est laissée, comme on le sait, à peu près complètement de côté. Rien d'étonnant, par conséquent, à ce que ces formules ne puissent pas *prévoir*, même d'une manière approximative, la probabilité des actions internes qui peuvent s'établir au sein de la molécule, entre les divers radicaux unis au squelette.

Quand on écrit, par exemple, la formule générale d'un oxacide :

$$CO^2H - (CH^2)^n - CH.OH - CH^3$$

où $n = 0, 1, 2\dots$; cette formule indique bien la *possibilité* d'une élimination interne d'eau, suivant le schéma :

$$CO^2H - (CH^2)^n - CH.OH - CH^3 = H^2O + CO - (CH^2)^n - CH - CH^3$$

mais l'équation chimique ainsi écrite, n'exprime qu'une *possibilité* et non une *probabilité*. C'est l'équation banale de l'éthérification, prise seulement dans un cas particulier, au sein de la molécule. Rien n'indique que ce phénomène ait plus de chances de se produire dans ce cas que dans nombre d'autres où il n'a pas lieu. Si, allant à l'encontre de l'essence des formules structurales, nous voulons en tirer absolument des déductions au sujet de la probabilité de la réaction, nous arrivons à des conclusions que l'expérience montre erronées. La réaction devra, semble-t-il, en effet, être d'autant plus facile que l'hydroxyle alcoolique est fixé à un carbone plus voisin du carboxyle.

Dans la série suivante :

$$CO^2H — CHOH — CH^3 \qquad \text{acide lactique.}$$
$$CO^2H — CH^2 — CHOH — CH^3 \qquad \text{acide β. oxybutyrique.}$$
$$CO^2H.CH^2 — CH^2 — CHOH — CH^3 \qquad \text{acide γ. oxyvalérique.}$$
$$CO^2H.CH^2.CH^2.CH^2 — CHOH — CH^3 \qquad \text{acide δ. oxycaproïque.}$$

le premier, l'acide lactique ordinaire, devrait le plus facilement fournir un anhydride :

$$CO — CH — CH^3$$
$$\lfloor\underline{\qquad} O$$

Il n'en est rien pourtant. Dans les conditions de production de l'anhydride, la molécule lactique préfère, pour ainsi dire, se doubler et donne par réaction sur une seconde molécule la lactide :

$$\begin{array}{c} CO — CH — CH^3 \\ O\diagup \qquad \diagdown O \\ CH^3 — CH — CO \end{array}$$

Dans le second corps, l'acide β. oxybutyrique. où l'action devrait déjà être plus difficile, elle se produit par simple distillation, mais c'est alors aux dépens de l'hydroxyle alcoolique et de l'hydrogène du carbone α, ce que rien ne faisait prévoir. On a ainsi de l'acide crotonique :

$$CH^3 — CH = CH — CO^2H.$$

Dans le troisième corps, l'acide γ. oxyvalérique. la réaction semble plus difficile que chez les deux autres. Or, c'est au contraire dans ce cas qu'elle a effectivement lieu. et avec une telle facilité que l'acide β. oxybutyrique libre n'est pas stable et se dédouble spontanément à la température ordinaire en eau et olide :

$$CO — CH^2 — CH^2 — CH — CH^3$$

Cet anhydride, très stable, ne peut régénérer qu'incomplètement l'acide par une très longue ébullition avec l'eau.

Dans le quatrième corps ou acide δ. oxycaproïque, l'élimination d'eau est encore possible, facile même, mais un peu moins que dans le cas précédent. De plus, même à 100 degrés, elle n'est qu'incomplète. L'anhydride ou δ. olide :

$$CO — CH^2 — CH^2 — CH^2 — CH — CH^3$$

fixe l'eau à l'air en régénérant l'acide.

Voici donc une série de phénomènes que les formules structurales ne prévoient à aucun titre. Elles peuvent les représenter parfaitement, mais elles n'en donnent aucune explication. Il était à prévoir que les formules stéréochimiques, symbolisant les positions spatiales relatives des divers radicaux de la molécule, se montreraient moins impuissantes à donner quelques éclaircissements au sujet des actions internes. En effet l'application des idées stéréochimiques à ce cas particulier s'est montrée spécialement heureuse. C'est ce point de détail de la doctrine stéréochimique que nous nous efforcerons de développer.

Peut-être devrons-nous plaider, dès à présent, les circonstances atténuantes pour quelques théories qui pourront paraître, à première vue, bien hypothétiques. Mais il semble que l'audace de l'induction ne peut être que louée, si elle ne blesse pas les faits, et ne présente pas les hypothèses comme des réalités. Et les explications proposées par ces théories ne paraissent pas plus improbables et plus inadmissibles qu'un grand nombre d'autres, acceptées, grâce à l'habitude qu'on en a, presque comme des articles de foi.

Nous ne nous attarderons pas sur le mode de figuration stéréochimique. On sait que la base du système consiste à envisager les valences du carbone, de quelque nature qu'on les suppose, comme symétriquement disposées dans l'espace à trois dimensions, autour de l'atome de carbone. Qu'on les envisage comme des directions attractives émanées du carbone, ou comme des pôles d'attraction situés à la surface d'une sphère, la distribution devra en être symétrique dans l'espace, si l'on ne tient pas compte, du moins, des actions extérieures possibles. Dans le cas des pôles d'attraction situés sur une sphère, ces pôles seront aux sommets du tétraèdre régulier inscrit; dans le cas des directions attractives, les valences seront les droites menées du centre aux sommets du même tétraèdre. Ainsi, on peut prendre ce tétraèdre comme symbole de l'atome de carbone, les radicaux étrangers venant se fixer à ses sommets.

Maintenant, la fixation de ces radicaux ne pourra-t-elle pas changer la distribution des valences et amener, en langage stéréochimique, la déformation du tétraèdre régulier, sa transformation en tétraèdre irrégulier? Le Bel, Wislicenus, von Baeyer et beaucoup d'autres, admettent que oui, comme cela paraît en effet probable *a priori*. D'ailleurs, une déformation de ce genre n'affecte en rien l'existence du pouvoir rotatoire, à moins que les quatre valences ne se trouvent ramenées dans un même plan, ce qui ne paraît pas possible. Cette déformation doit en effet être assez faible. On peut, en général, n'en pas tenir compte.

Liaison des atomes de carbone dans les chaînes. — Cas de deux atomes simplement unis. — Une simple liaison se représente, en général, par l'union sommet à sommet de deux tétraèdres de carbone comme dans la figure 1.

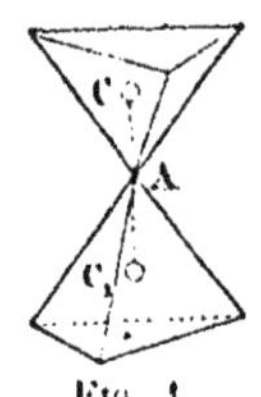

Fig. 1.

Ces axes CA et C₁A se placent dans le prolongement l'un de l'autre. D'ailleurs, si on suppose la liaison mobile autour de l'axe CC₁, les sommets peuvent occuper une infinité de positions, et se placer ainsi dans celle qui est le plus en rapport avec les attractions ou répulsions des radicaux fixés aux sommets libres.

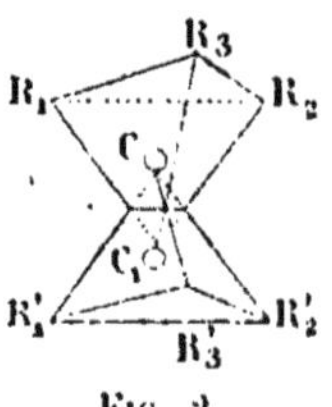

Fig. 2.

Monsieur Van't Hoff admet que, dans la simple liaison, il y a pénétration des deux tétraèdres, le sommet de chacun d'eux allant occuper le centre de l'autre ainsi qu'on le voit dans le schéma (*fig.* 2).

Les six sommets du système se trouvent alors fixés aux sommets d'un prisme droit à base de triangle équilatéral. En rabattant R_3 et R'_3 symétriquement sur le plan du tableau, on a le symbole plan :

$$R_3$$

$$R_1 \qquad R_2$$

$$R'_1 \qquad R'_2$$

$$R'_3$$

souvent employé par Van't Hoff. Cette façon de figurer la liaison simple, semble moins élastique que l'autre. A cela près, elles sont également acceptables.

Liaison double de deux carbones et tension dans ce cas. — Nous avons dit que dans la liaison simple, les deux valences qui la constituent sont dans le prolongement l'une de l'autre et forment l'axe de liaison. Lorsque, par une action extérieure, cet axe est *tordu*, que les deux lignes AC et AC₁ ne sont plus dans le prolongement l'une de l'autre, il doit se produire un état particulier de tension dans la molécule. Or, ceci doit avoir spécialement lieu lorsqu'une simple liaison se transforme en double liaison, car d'après le mode de figu-

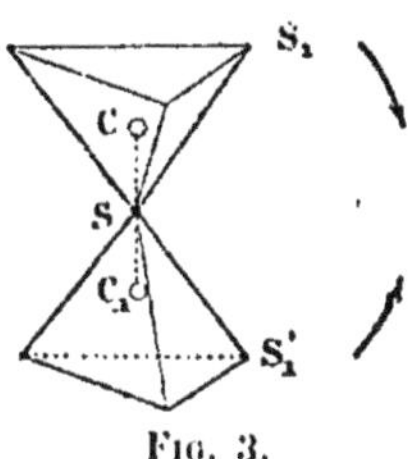

Fig. 3.

ration ordinaire, il faudra que les sommets S₁ et S'₁, se rapprochant l'un de l'autre, s'unissent comme dans la figure 3.

Mais l'axe CSC₁ s'est, pour ainsi dire, tordu en son milieu. Il en est de même pour le nouvel axe d'union CS₁C₁. Chacun de ces axes tendant à

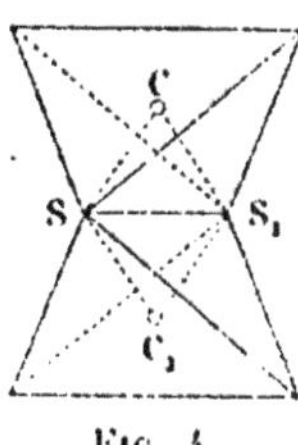

Fig. 4.

redevenir droit, il devra y avoir dans la molécule une tension à la rupture en chacun des points S et S₁ (*fig.* 4).

Théorie de la tension (Spannungs théorie) de Baeyer. — Ces considérations, qui vont nous servir souvent, ont été pour la première fois présentées par von Baeyer en un corps de doctrine, sous le nom de théorie de la tension, dans un mémoire paru aux Berichte, en 1885.

Seulement il envisage les liens multiples d'une manière un peu différente. Il admet comme tout le monde que, dans l'atome de carbone, les valences symétriquement disposées forment entre elles un angle de 109° 28'. Dans la double liaison, il y aurait alors, non pas torsion de l'axe CSC₁ autour de S, mais réduction à 0° de l'angle des deux valences intéressées à la double liaison dans chaque carbone. On aurait ainsi la figure :

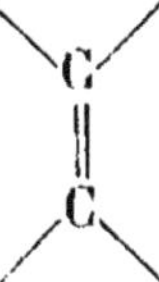

Les valences *libres* sont toutes dans le même plan, où se trouvent aussi les deux carbones, tout comme dans le mode précédent de figuration. Quant aux deux valences de la double liaison, elles restent distinctes et ne se confondent pas, car ce serait une façon détournée de rendre le carbone trivalent. Elles sont seulement parallèles, très voisines, et situées dans un plan perpendiculaire à celui des deux autres.

Liaison triple de deux carbones. — Dans la triple liaison, il y aura alors aussi une triple tension à la rupture, soit que l'on figure l'union par l'accolement de deux tétraèdres par une face comme dans la figure 5, soit qu'on admette avec Baeyer la déviation de 3 valences qui arrivent à faire un angle nul.

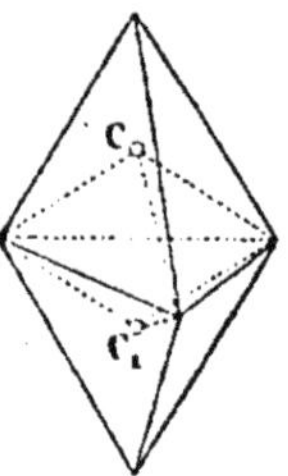

Fig. 5.

Les composés de cette espèce présenteront donc une particulière disposition à la rupture, et il pourra même, à ce moment, y avoir dégagement brusque de l'énergie qui fut nécessaire à leur formation, c'est-à-dire explosion.

Vérifications expérimentales. — Les mesures calorimétriques de M. Thomsen sont d'accord avec ces vues. Elles montrent que la transformation d'un double lien en triple, absorbe une quantité considérable d'énergie qui sera rendue lors de la rupture. M. Berthelot a montré, d'ailleurs, que l'acétylène détone, quoique difficilement. Mais les faits découverts par Baeyer lui-même et exposés dans son mémoire, appuient mieux encore sa manière de voir. Il a trouvé, en effet, des corps renfermant une série de triples liaisons et constaté que leur explosibilité augmente avec le nombre des triples liens. Il a préparé, par exemple, l'acide diacétylène-dicarbonique :

$$CO^2H - C \equiv C - C \equiv C - CO^2H.$$

Or, cet acide, qui cristallise fort bien, détone violemment à 177°. Les vibrations lumineuses suffisent à le détruire en le charbonnant. Le carbure correspondant, le diacétylène :

$$CH \equiv C - C \equiv CH$$

donne un sel d'argent si explosif, qu'il détone à l'état humide par trituration entre les doigts. Quant à l'acide tétracétylène dicarbonique :

$$CO^2H - C \equiv C - C \equiv C - C \equiv C - C \equiv C - CO^2H$$

bien cristallisé aussi, son explosibilité et son altérabilité excessives rendent son maniement à peu près impossible.

Objections de Victor Meyer. — M. V. Meyer a opposé à ceci que la liaison acétylénique prend naissance dans l'arc électrique. Mais l'ozone ne prend-il pas naissance aussi à 1400° dans le tube chaud et froid de Deville ?

Il a aussi allégué que la violente décomposition des corps de Baeyer était due à leur transformation extrèmement facile en corps très stables, carbone et acide carbonique ; que la même raison expliquait, par exemple, l'explosibilité de l'oxalate d'argent qui peut donner $2CO^2 + Ag^2$, tandis que le malonate et le succinate d'argent ne détonent pas. Mais on peut répondre à Meyer que cette transformation, si facile en systèmes stables, provient tout justement de la nature très instable assignée par Baeyer à ses chaînes et n'attaque en rien ses vues.

Attractions dans les liaisons multiples. — On s'est efforcé de compléter la théorie de M. von Baeyer par l'évaluation *relative* des forces attractives, qui maintiennent unis les atomes de carbone dans la double ou la triple liaison. La tension indiquée par Baeyer est causée, avons-nous vu, par l'énergie nécessaire à la déviation des axes de liaison. Mais on veut maintenant calculer la grandeur relative à l'attraction entre les deux atomes, une fois cette torsion opérée et le lien multiple formé. C'est cette attraction qui doit maintenir la liaison malgré les tensions de Baeyer. Elle est donc nécessairement plus grande qu'elle.

Auwers a donné, dans l'hypothèse du tétraèdre, le rapport :

$$\frac{1}{3.56}$$

comme celui de la valeur du triple lien à celle du double lien. Mais reconnaît lui-même l'arbitraire de ces nombres.

Théorie de Naumann. — Naumann, dans un travail publié en 1890 dans les Berichte (t. XXIII. p. 177), a donné des évaluations de ces quantités qui, sans emporter la conviction, peuvent à coup sûr, être considérées comme d'intéressants essais.

Il prend comme unité la force qui maintient unis deux atomes de carbone dans la simple liaison, et la considère comme une attraction exercée entre C et C_1, le long de la ligne joignant ces atomes. Cette force n'a toute sa valeur que quand elle s'exerce suivant la droite CSC_1.

Si, par une cause quelconque, cet axe s'infléchit en S, comme dans la seconde figure, la force attractive diminue et n'est plus alors exprimée que par la composante suivant la droite CC_1 joignant les carbones. D'ailleurs, dans cette déviation, Naumann admet que le tétraèdre ne se déforme pas et reste régulier.

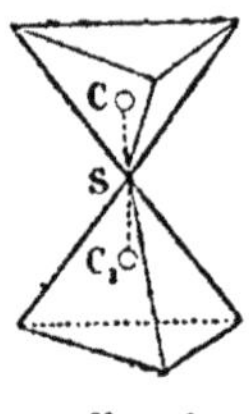
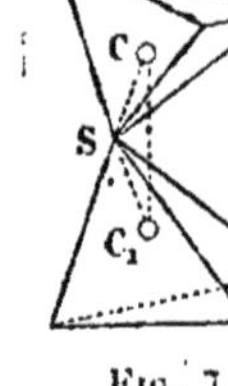
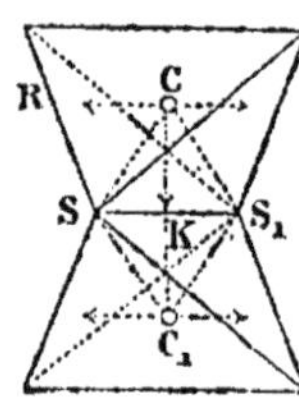

Fig. 6.   Fig. 7.   Fig. 8.

Appliquons cette manière de voir à la double liaison considérée comme l'union de deux tétraèdres de carbone suivant une arête. De la première liaison CSC_1, nous ne devons considérer que la composante CK (*fig.* 8).

La composante R perpendiculaire à CC_1 est détruite par une composante égale et de sens contraire due à l'autre liaison CS_1C_1. Or, on a, au moyen du triangle CSK où $\sin \widehat{CSK} = 0{,}5574$

$$CK = 0{,}5574 \times CS$$

Comme CS est pris pour unité, la résultante SK est 0,5574.

Une deuxième composante égale et de même sens. provenant de la seconde liaison CS_1C_1, s'ajoute à elle. La force d'union des deux carbones est donc :

$$f = 1{,}1548.$$

Dans la triple liaison les atomes de carbone sont accolés base à base.

On ne doit ici considérer comme force d'attraction émanant de la liaison CSC_1 que la composante suivant CK, la composante suivant R étant détruite par la résultante de deux autres forces semblables dues à CS_1C_1, CS_2C_1. Or on a, par CSK.

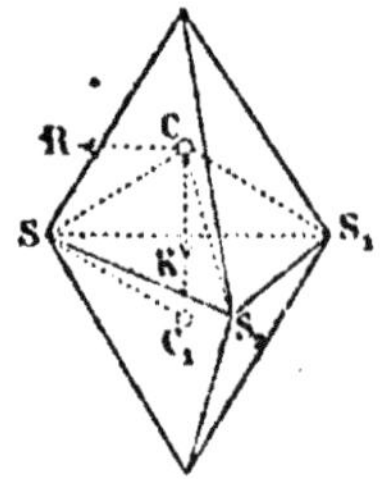

Fig. 9.

$$CK = 0{,}333$$

Dans la triple liaison, trois forces semblables agissent, la force d'union des deux atomes est donc sensiblement

$$f = 1.$$

En somme, on a comme aperçu plausible des forces d'attraction dans les trois modes de liaison du carbone au carbone :

$$
\begin{array}{lc}
\text{Simple lien.} \ldots & 1 \\
\text{Double lien.} \ldots & 1{,}548 \\
\text{Triple lien} \ldots & 1
\end{array}
$$

Dans le triple lien, la force d'union des deux carbones est donc seulement égale à celle du simple lien. Dans le double lien, elle semble plus considérable que dans tout autre mode d'assemblage, sans être pourtant le double de ce qu'elle est dans la simple liaison.

Rupture des liens triple et double. — Maintenant, une force répulsive supérieure à 0.333 étant appliquée au sommet S_1 de la triple liaison, cette triple liaison se rompra en ce point. L'examen du système montre qu'il est alors soumis à 'action d'une force 0,273, située dans le plan perpendiculaire à l'arête SS_2, et dirigée perpendiculairement à CC_1. Elle tend à amener le système à la position normale de la double liaison, et diminue à mesure qu'il en approche, pour devenir nulle quand il l'atteint, puis reparaître en sens contraire au delà de cette position. L'attraction en un sommet étant donc annulée, le système des deux atomes devient, en oscillant autour de la position normale du lien éthylénique, le siège de vibrations pendulaires, qui s'amortissent sans doute bientôt avec apparition de chaleur.

La même chose se passe encore, si dans une liaison éthylénique on détruit la force d'attraction de deux sommets. Mais ici, une force disruptive supérieure à 0,5574 est nécessaire. On trouve alors que le système tend à prendre la forme normale de la liaison simple, sous l'influence d'une force égale aussi à environ 0,273. Il y aura encore vibrations pendulaires autour de la position d'équilibre, amortissement de ces vibrations et dégagement de chaleur.

Il est évident que ces spéculations théoriques de Naumann ne sont susceptibles d'aucune véritable précision, et que les chiffres donnés plus haut s'écartent très probablement de la réalité. Mais l'ensemble des phénomènes et leur tournure générale semblent ainsi assez heureusement saisis

On voit cependant qu'il n'est systématiquement tenu aucun compte des déformations possibles du tétraèdre. De plus, l'influence des radicaux unis aux sommets libres est laissée aussi de côté. Il est vrai que des expériences toutes récentes de M. Berthelot, semblent montrer que la nature de ces radicaux influe moins à ce point de vue, qu'on ne pourrait le croire.

Il a, en effet, trouvé comme chaleur dégagée par la fixation du brome sur l'éthylène $+ 29^c,3$. Pour le propylène :

$$CH^2 = CH.CH^3$$

on trouve dans les mêmes conditions $+ 29^c,1$, c'est-à-dire dans la limite des erreurs d'expériences, exactement le même nombre. La chaleur dégagée par la rupture du double lien et la fixation du brome n'est donc pas influencée sensiblement par la substitution de CH^3 à H (*C. R.*, t. CXVIII, p. 1116). Mais en serait-il de même pour d'autres radicaux plus différents de H.? Les chaleurs dégagées par la fixation de l'acide bromhydrique sur l'éthylène et l'amylène ($+ 46^c,4$ et $+ 22^c,6$) montrent que non, par leur énorme différence.

Formation des chaînes d'atomes de carbone. — Passons maintenant à la formation d'une chaîne d'atomes de carbone, simplement unis chacun à chacun. On voit tout de suite que l'on n'aura pas une chaîne linéaire comme dans les formules structurales.

Si l'on examine seulement les axes de liaison CC_1 ; C_1C_2 ; C_2C_3 ;… des carbones, et si l'on admet la liaison mobile, c'est-à-dire la libre rotation possible de tout l'ensemble du système autour de chacun des axes, on voit que la ligne brisée $CC_1C_2C_3$… est assujettie seulement à la fixité

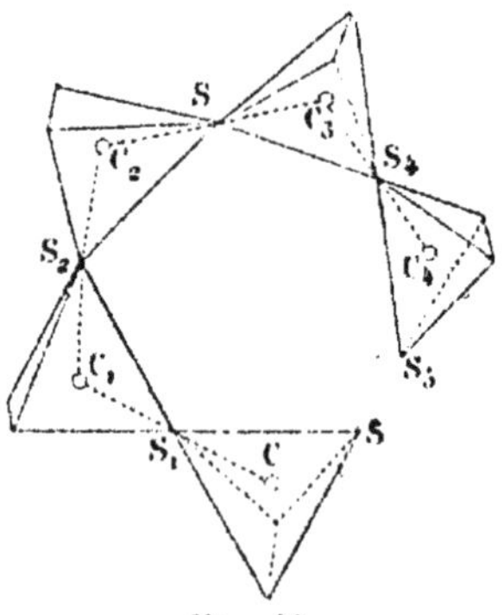

Fig. 10.

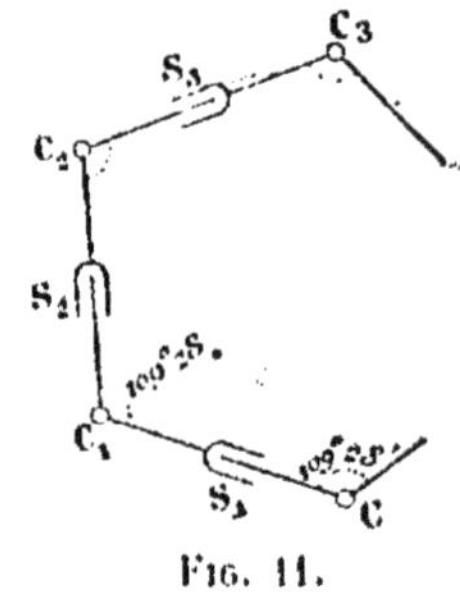

Fig. 11.

des angles en C_1, C_1, C_2, C_3… qui doivent, pour qu'il n'y ait pas de tension, rester égaux à $109° 28'$, angle de deux valences normales du carbone. A part cela, cette ligne brisée peut prendre toutes les positions, plane ou gauche, comme si en chacun des sommets S_1, S_2, S_3… se trouvait une sorte de pivot à gorge rigide (*fig.* 11). Par suite de ces mouvements, effectués d'une manière appropriée, sous l'influence de causes qu'il faudra définir, des radicaux, unis aux sommets libres du squelette carbonique, pourront se rapprocher beaucoup et réagir l'un sur l'autre, quoique dans la formule structurale leurs positions soient en général très éloignées.

On peut facilement calculer la distance des sommets successifs formant l'anneau, lors du rapprochement maximum qui se produit, lorsque les centres de gravité $C_1C_1.C_2$... sont sur un même cercle situé dans le plan du tableau. On trouve alors :

$$
\begin{aligned}
SS_1 &= 1 \ (SS_1 = \text{unité}) & 0,612 \\
SS_2 &= 1,633 & 1 \ (SS_2 = \text{unité}) \\
SS_3 &= 1,661 & 1,022 \\
SS_4 &= 1,089 & 0,667 \\
SS_5 &= 0,111 & 0,068
\end{aligned}
$$

Ce tableau va nous être fort utile.

Fermeture des chaînes. — Une des premières choses à examiner est la possibilité de fermeture de la chaîne. Ayant constitué une chaîne de 1, 2, 3... carbones, cherchons à amener au contact les deux sommets terminaux de la chaîne. Pour un nombre d'atomes de carbone inférieur à six, et même en amenant les sommets dans la position du rapprochement maximum, comme dans la figure, la chose ne peut pas se faire sans supposer un changement de l'angle des valences autour du carbone, où une déviation des axes CC_1 aux sommets S_1, si on préfère supposer le tétraèdre indéformable. Pour six atomes de carbone, nous verrons qu'il y a un cas très spécial où la fermeture peut s'opérer sans nulle déformation. Pour un nombre d'atomes supérieur à six, et si l'on suppose tous les centres de gravités dans le même plan, il faudra de nouveau une déformation dilatant la chaîne, pour en amener la fermeture.

L'existence d'une tension dans la molécule des carbures cycliques se traduira, au moment de leur formation, par l'absorption d'une certaine quantité d'énergie, qui sera récupérée comme pour les composés acétyléniques, quand on rompra la chaîne. Un récent travail de M. Berthelot (*C. R.*, CXVIII, 1115) le prouve expérimentalement. Si on combine au brome le propylène $CH_2 = CH - CH_3$ et le triméthylène $CH_2\!\!\begin{array}{c}\diagup CH_2 \\ | \\ \diagdown CH_2\end{array}$, on trouve :

$$CH^2 \Big\langle {}^{CH^2}_{\,|\atop CH^2} + Br^2 \; = \; CH^2Br - CH^2 - CH^2Br + 38^c 5$$

$$CH^2 = CH - CH^3 + Br^2 \; = \; CH^2Br - CHBr - CH^3 + 29^c,1$$

Soit une différence de $9^c,4$ en faveur du triméthylène. D'ailleurs les deux bromures obtenus possèdent des chaleurs de formation sensiblement égales, et renferment, par conséquent, la même quantité d'énergie. Le surplus de $9^c,4$ appartient donc en propre au triméthylène seul et se trouve récupéré toutes les fois qu'on ouvre la chaîne, quand on forme, par exemple, le sulfate de triméthylène. C'est l'énergie absorbée par la fermeture. C'est en ce sens qu'un stéréochimiste peut entendre le terme *d'isomère dynamique* créé, pour ce cas, par M. Berthelot.

Ici reparaît la théorie de la tension. Dans son travail déjà cité, Baeyer pose en principe que la chaîne qui aura le plus de tendance ou le moins de difficulté à se former, sera celle qui correspond aux plus faibles déviations. Il est facile alors de calculer la probabilité des chaînes polyméthyléniques fermées.

L'éthylène est considéré par Baeyer comme le plus simple des polyméthylènes. Puisque les deux valences d'union y sont parallèles, chacune d'elles y a subi un écart de $\frac{1}{2}\,109°,28' = 54°,44'$.

Dans le triméthylène les angles formés par les droites unissant les carbones sont de 60°; en admettant donc, dans la formation du triméthylène, une déviation des valences, il faut que chaque valence d'union s'y dévie de :

$$\frac{1}{2}\,(109°,28' - 60°) = 24°,44'$$

Dans le tétraméthylène les angles sont de 90°. La déviation des valences d'union y est donc :

$$\frac{1}{2}\,(109°,28' - 90°) = 9°,44'$$

Dans le pentaméthylène, où l'angle est de 108° la déviation est :

$$\frac{1}{2}\,(109°,28 - 108°) = 0°,44'$$

Enfin dans l'hexaméthylène où l'angle est de 120°, on a comme déviation :

$$\frac{1}{2}\,(109°,28' - 120°) = -5°,16'$$

c'est-à-dire que les valences doivent s'écarter d'un peu plus de 5° les unes des autres (dilatation de la chaîne).

Pour les polyméthylènes supérieurs en C^7, C^8..., cette dilatation de la chaîne irait en augmentant, si l'on suppose les centres de gravité du carbone dans un même plan. Ce sera donc vers les termes en C^5 et C^6, que se trouvera réalisée la plus grande stabilité.

Résultats pratiques. — En effet le lien éthylénique est le lien le plus faible ; il est dissocié par HBr, Cl^2, Br^2, I^2, SO^4H^2.

Le triméthylène l'est par Cl^2, Br^2, HI. Les chaînes supérieures sont bien plus difficiles à ouvrir comme nous allons le voir.

La méthode employée par Gustavson pour la formation du triméthylène (action d'un métal, Zn, sur le bromure $CH^2Br.CH^2.CH^2Br$) a fourni à Perkin et Collman (*Chem. Soc.*, LIII-201) un méthylcyclotétrène.

$$
\begin{array}{ccc}
CH^2 & - & CH^2 \\
| & & | \\
CH^2 & - CH - & CH^3
\end{array}
$$

obtenu par Na^2 et $CH^2Br - CH^2 - CH^2 - CHBr - CH^3$. Ce carbure, bouillant à 39°-42° ne se combine pas à froid avec HI.

Perkin et Freer (*Chem. Soc.*, LIII-214) ont obtenu de même le méthylcyclopentène.

$$
\begin{array}{l}
CH^2 - CH^2 \\
|\Big\rangle CH - CH^3 \\
CH^2 - CH^2
\end{array}
$$

bouillant à 70°-71° qui ne se combine plus à l'acide iodhydrique bouillant.

Quant à l'hexaméthylène et à ses dérivés méthylés, on sait la difficulté qu'il y a à les rompre. Le brome agit, soit en se substituant à l'hydrogène, soit en ramenant le carbure au type benzène.

Un autre exemple de la différence de stabilité des polyméthylènes est fourni par un travail récent de Perkin et Sinclair (*Chem. Soc.*,

LXI-37). Ils ont constaté que le corps :

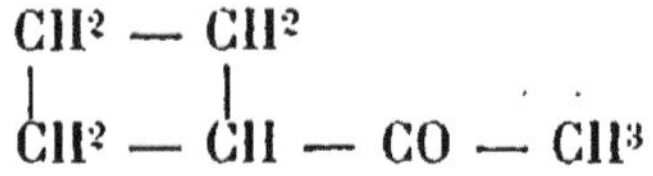

$$CH_2 - CH_2$$
$$|\qquad\quad|$$
$$CH_2 - CH - CO - CH_3$$

traité par l'hydrogène naissant, fournit sans rupture de la chaîne, le corps

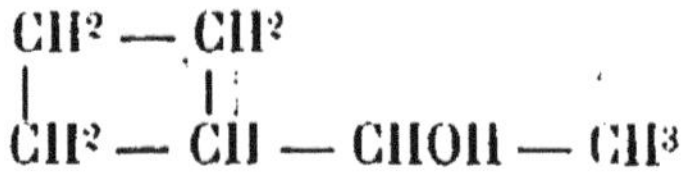

$$CH_2 - CH_2$$
$$|\qquad\quad|$$
$$CH_2 - CH - CHOH - CH_3$$

tandis que l'acétyltriméthylène

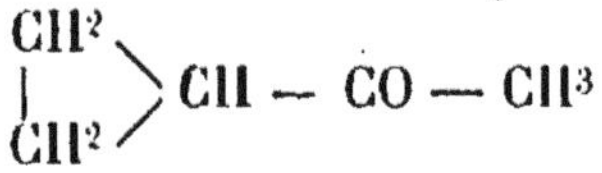

$$\begin{matrix} CH_2 \\ | \\ CH_2 \end{matrix} \Big\rangle CH - CO - CH_3$$

traité de même, se rompt en fournissant le pentane.ol 2

$$CH_3 - CH_2 - CH_2 - CHOH - CH_3$$

le tétraméthylène est donc plus solide vis-à-vis de l'H naissant que le triméthylène.

Enfin, dans un important mémoire tout récent (*Liebig's Ann.*, t. CCLXXV-309), M. Wislicenus, aidé de ses élèves, a obtenu des carbures cycliques par une méthode nouvelle.

Il est parti de l'adipocétone obtenue au moyen de l'adipate de chaux, qui est la cyclopenténone :

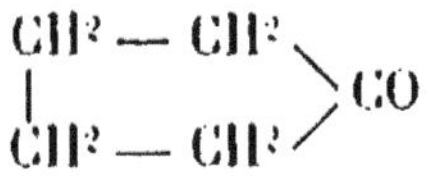

$$\begin{matrix} CH_2 - CH_2 \\ |\qquad\quad \\ CH_2 - CH_2 \end{matrix} \Big\rangle CO$$

car, par oxydation, elle fournit l'acide glutarique :

$$CO_2H - CH_2 - CH_2 - CH_2 - CO_2H$$

Ce corps réduit par l'H naissant donne le cyclopentenol :

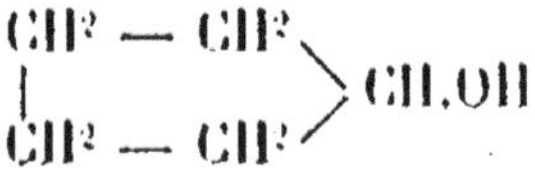

$$\begin{matrix} CH_2 - CH_2 \\ |\qquad\quad \\ CH_2 - CH_2 \end{matrix} \Big\rangle CH.OH$$

dont l'iodure réduit par le zinc et l'acide chlorhydrique donne le cyclopentène

$$CH_2 - CH_2 \atop CH_2 - CH_2 \Big\rangle CH_2$$

qui est un liquide bouillant à 50°. Sa réfraction moléculaire est 22°,8′, nombre correspondant à la valeur théorique, tandis qu'un carbure C^5H^{10} à liaison éthylénique exigerait 24,58.

La potasse alcoolique réagissant sur l'iodure du cyclopenténol fournit encore un carbure cyclique.

$$CH_2 - CH \atop CH_2 - CH_2 \Big\rangle CH$$

Or, tous ces corps sont d'une très grande stabilité.

On peut néanmoins faire une objection aux idées de Baeyer. On voit que le pentaméthylène devrait présenter entre ces diverses chaînes, la plus grande stabilité. Or, on connaît beaucoup d'anneaux à six chaînons, mais fort peu à cinq, et encore dans le cas d'anneaux complexes (thiophène, furfurol, pyrrol). D'après Baeyer, cette objection n'a pas un grand poids, parce que nous connaissons l'anneau à six chaînons presque uniquement sous la forme de dérivés pauvres en hydrogène, du benzène, par exemple, et qu'il peut se faire que dans de semblables conditions, le pentaméthylène se forme moins facilement ou soit moins stable. La suite de notre étude confirmera pleinement ces raisons.

Schéma de Sachse. — Il y a pourtant un mode de construction qui fait vraiment de l'hexaméthylène, la chaîne la plus favorisée, et qui a été développée par Sachse en 1892. (*Zeit.*, X., 20-3.) (*Ber.*, XXIII, 1363.) Il avait d'ailleurs été donné auparavant par Herrmann (*Ber.*, XXI, 1949).

Supposons que l'on pose sur un plan un tétraèdre régulier sur une de ses faces ; posons de même un second tétraèdre régulier de l'autre côté du plan, et amenons les à se toucher par un sommet, les arêtes du tétraèdre aboutissant à ce sommet et situées dans le plan du tableau se plaçant dans le prolongement les unes des autres. L'axe commun de la liaison ne subit d'ailleurs ainsi aucune torsion.

L'angle $\widehat{S_1SS_1}$ est justement ici de 120 degrés. D'ailleurs, les deux carbones sont dans deux plans différents parallèles à celui du tableau, et équidistants de ce plan.

En amenant un troisième tétraèdre en S'_1 au-dessus du plan, puis un quatrième en S'_2 au-dessous, puis un cinquième en S'_3 au-dessus, et enfin un sixième en S'_4 au-dessous, nous formerons sans aucune torsion, un anneau de 6 atomes de carbone.

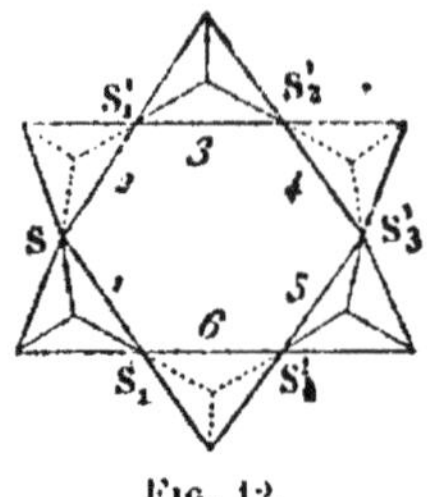

Fig. 12.

Dans l'anneau ainsi formé, les atomes de carbone 1, 3, 5 sont dans un même plan parallèle à celui du tableau, les atomes 2, 4, 6 dans un autre symétrique du premier. — De plus, 6 atomes d'hydrogène sont dans le plan du tableau, puis trois d'un côté de ce plan, et trois de l'autre.

Il doit, en conséquence, exister deux dérivés monosubstitués de l'hexaméthylène, suivant que le radical substitué est fixé dans le plan du tableau ou dans l'un des plans cis ou trans. Quelques faits observés semblent montrer qu'il en est ainsi.

D'abord il semble bien exister deux acides hexahydrobenzoïques :

$$C^6H^{11} — CO^2H$$

Markownikoff (*Ber.*, XXV, 3355) obtient par hydrogénation de l'acide benzoïque un acide hexahydrobenzoïque fondant à 28°,5 et bouillant à 234. Il cristallise fort bien. Or, Aschan (*Ber.*, XXIII, 867) a retiré des lessives alcalines ayant servi au lavage des pétroles de Bakou un acide hexanaphtène-carbonique de même formule que l'acide hexahydrobenzoïque, mais ne solidifiant pas à — 10° et bouillant à 215°. D'ailleurs, les produits de Bakou ont été rattachés par Aschan d'une manière certaine aux hydrobenzènes.

On peut donner encore une preuve de même ordre au sujet de l'hexahydrotoluène :

$$C^6H^{11} — CH^3.$$

Celui que l'on obtient par hydrogénation du toluène bout à 97°. Or, Milkowski et après lui Spindler (*Journ. Ph. Ch. Russe*, XXIII, 40), ont obtenu du pétrole de Bakou un hydrocarbure C^7H^{14}, qui, par le brome en présence de bromure d'aluminium, donne le pentabromotoluène qui par conséquent est bien un dérivé hydrogéné du toluène, et bout cependant à 101°, c'est-à-dire à 4° plus haut. Mais ces preuves de non identité ne sont pas encore bien convaincantes, il faut l'avouer.

Quant à la stabilité étonnante du benzène, König a remarqué qu'en envisageant la liaison éthylénique à la façon de Baeyer, et en admettant une disposition symétrique comme celle de la figure :

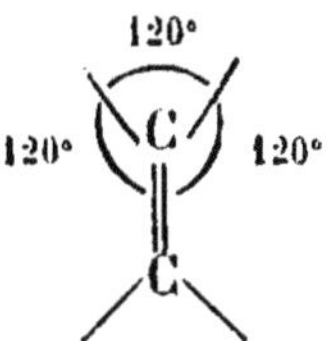

on arrive sans aucune tension au benzène. Peut-être aussi la grande attraction de 1,5 qui, d'après Naumann, maintient la double liaison serait-elle pour quelque chose dans cette stabilité.

DEUXIÈME PARTIE

Nous arrivons, avec le grand mémoire de Wislicenus paru en 1887, à l'action réciproque des radicaux fixés aux sommets d'une chaîne ouverte d'atomes de carbone, telles que celles dont nous venons d'examiner la structure.

Théorie de la collision de Bischoff. — Nous voulons auparavant dire quelques mots sur les actions qui peuvent s'exercer entre deux radicaux unis à un même carbone et susceptibles de réagir facilement entre eux ; par exemple, entre deux hydroxyles qui peuvent fournir la réaction :

$$\begin{array}{c} A \\ X \end{array}\!\!>\!C\!<\!\!\begin{array}{c} OH \\ OH \end{array} \;=\; H^2O \;+\; \begin{array}{c} X \\ X \end{array}\!\!>\!C = 0.$$

Des réactions de ce genre doivent être, en général, excessivement faciles, car le rapprochement des radicaux est maximum. Ceci a inspiré à Bischoff la théorie de la collision (Ber. XXIII-3414). D'après lui, le rapprochement normal est tel que les sphères d'action chimique des deux radicaux se pénètrent, que, comme il le dit, une *collision* a lieu, et que la réaction se produit nécessairement, le système primitif étant absolument instable.

Pour que la stabilité existe, il faut que des influences étrangères

écartent les deux radicaux réagissant à une distance où la collision n'ait plus lieu.

Un cas typique est celui de l'hydrate carbonique :

$$CO \begin{cases} OH \\ OH \end{cases}$$

qui ne peut exister à l'état libre. Mais à l'état de carbonate acide ou neutre, il existe au contraire. Cela tient d'après Bischoff, à ce que l'affinité de l'oxygène pour le sodium, par exemple, écarte un atome d'oxygène du carbone et empêche ainsi la collision, comme le représente la figure 13.

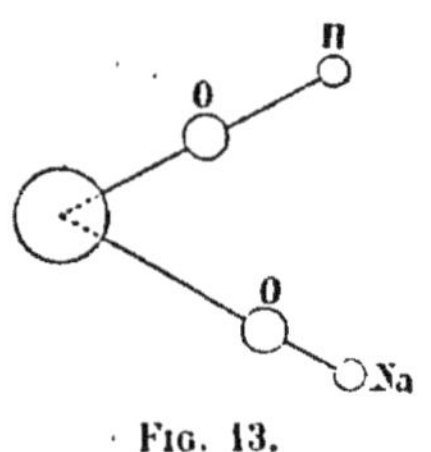

Fig. 13.

Dans le carbonate neutre, la répulsion des deux sodiums écarte l'un de l'autre les deux radicaux ONa.

L'existence de l'hydrate de chloral, et la non-existence de l'hydrate d'aldéhyde :

$$CH^3 — CH \begin{cases} OH \\ OH \end{cases} \qquad CCl^3 — CH \begin{cases} OH \\ OH \end{cases}$$

instable   stable

s'expliqueraient de même. Dans l'hydrate d'aldéhyde les $3H$ de CH^3 attirant les OH, les rapprochent du carbone, et amènent la collision. Dans l'hydrate de chloral, au contraire, les trois Cl de CCl^3 repoussent les deux OH, les éloignent du carbone et empêchent alors la collision. On interpréterait de même la non-réaction de groupes susceptibles d'actions réciproques et unis au même carbone. Mais cette théorie semblera à bien des chimistes un ingénieux semblant d'explication, plutôt qu'une explication un peu positive.

I. — Actions entre deux radicaux fixés à deux carbones simplement unis. — Telle est la réaction donnant naissance à l'acide crotonique :

$$CH^3 — CH.OH — CH^2.CO^2H = H^2O + CH^3.CH = CH.CO^2H.$$

Cette réaction doit être relativement facile, moins pourtant que dans le cas précédent, car la distance de deux sommets d'un *même* carbone étant 1, la distance minima de deux sommets pris dans cha-

cun des deux carbones est ici 1,633, — sans tension de l'axe commun.
La réaction n'est donc généralement pas spontanée. Pour qu'elle soit
facilitée, certaines conditions doivent être remplies, que nous allons
examiner.

Théorie des positions favorisées (Wislicenus). — Par le fait de la
libre rotation des deux carbones autour de l'axe d'union, les radicaux
fixés aux sommets du carbone peuvent se placer dans une infinité de
positions relatives, leur ordre restant seulement invariable. Wislicenus
admet alors, comme cela est évident, que ces radicaux prennent la
position où leurs attractions et répulsions mutuelles sont le mieux
équilibrées. C'est cette position qu'il appelle la *position favorisée.*

Il admet que, pour qu'une réaction interne ait lieu facilement
entre deux radicaux fixés aux sommets de deux carbones voisins, il
faut que ces sommets se trouvent en regard dans la position favorisée
au moment de la réaction. Ainsi, dans le chlorure d'éthylène

$$CH^2.Cl$$
$$|$$
$$CH^2.Cl$$

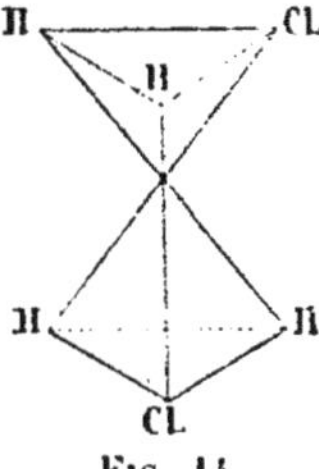

Fig. 14.

la position favorisée est évidemment celle de la
figure 14, a cause de l'attraction du chlore pour l'hydrogène. Aussi une élimination d'HCl aura lieu très
facilement suivant la réaction :

$$CH^2.Cl \qquad\qquad CHCl$$
$$|\qquad\quad = HCl + \quad\|$$
$$CH^2.Cl \qquad\qquad CH^2$$

Dans l'acide éthylénolactique

$$CH^2.OH — CH^2 — CO^2H$$

l'élimination d'eau suivant la réaction :

$$CH^2OH — CH^2 — CO^2H = H^2O + CH^2 = CH — CO^2H$$
$$\text{acide acrylique}$$

est extrêmement facile. La simple ébullition du corps avec de l'acide sulfurique étendu de son volume d'eau y suffit. C'est que la position favorisée est, sans doute, à cause de l'attraction de H pour OH, celle de la figure 15.

On peut donner, par l'exemple suivant, une idée bien nette de la différence introduite dans la facilité des réactions par les positions favorisées: L'acide β. bromophénylpropionique :

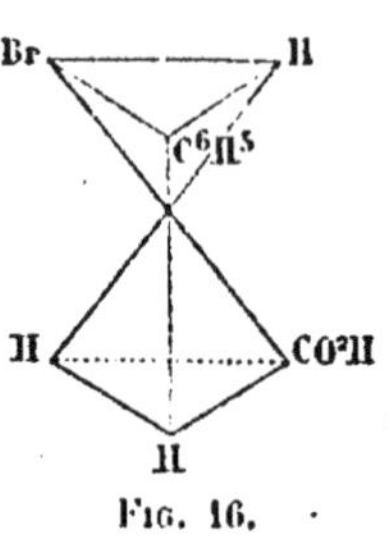

Fig. 16.

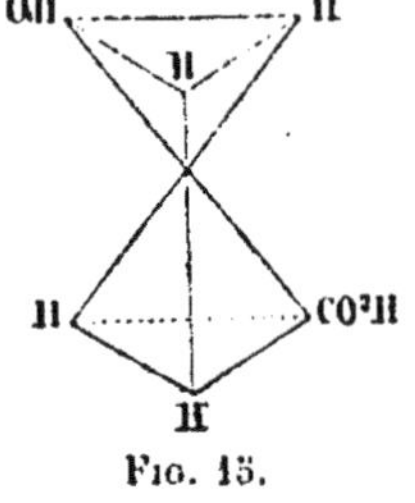

Fig. 15.

$$C^6H^5 — CHBr — CH^2 — CO^2H$$

a pour position favorisée évidente à l'état d'acide, celle de la figure 16, par suite de l'attraction prédominante de H et de Br. Il doit donc donner facilement, avec élimination interne de HBr, de l'acide cinnamique. Or, quand on le fait bouillir avec H^2O, on a les deux réactions :

(I) $C^6H^5—CHBr—CH^2—CO^2H+H^2O=HBr+C^6H^5—CHOH—CH^2—CO^2H$
acide phényllactique

(II) $C^6H^5 — CHBr — CH^2 — CO^2H = HBr + C^6H^5 — CH = CH — CO^2H$
acide cinnamique

La première réaction, simple substitution, n'entre pas dans le cadre de celles que nous étudions. Mais la seconde est celle que nous prévoyions. Elle donne 38 p. 100 du rendement théorique que l'on aurait si elle était seule. Elle a, comme on le voit, grande importance.

Formons à présent le sel de sodium de l'acide β. bromophénylpropionique. Par suite de l'attraction maintenant prédominante du brome et du sodium, la position favorisée devient alors celle de la figure 17.

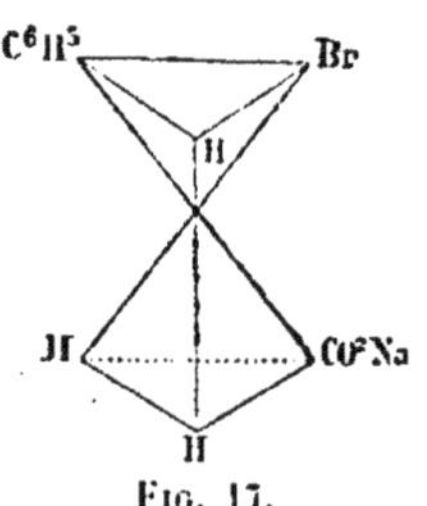

Fig. 17.

Si nous faisons bouillir ce sel avec H^2O, nous avons encore de l'acide phényllactique, et seulement 5 p. 100 d'acide cinnamique. Le reste donne du styrol par une réaction que nous étudierons plus tard ; le changement de position favorisée a donc, en résumé, abaissé le rendement en acide cinnamique au huitième de sa valeur primitive.

D'ailleurs, même dans les cas où la position favorisée ne s'y prête pas, une réaction peut encore se produire grâce aux agents extérieurs, mais elle sera moins facile et moins complète. Par l'application de la chaleur, les chocs calorifiques amèneront, par exemple, une oscillation autour de la position d'équilibre, qui, croissant avec la température, finira par rendre possible une réaction interne irréalisable à la température ordinaire.

De même, la substitution de certains groupes à l'hydrogène dans la molécule, pourra amener un changement dans la position favorisée, facilitant une réaction interne, difficile ou impossible dans le corps non substitué. Par exemple, l'acide lactique

$$\begin{array}{c} CO^2H \\ | \\ CH.OH \\ | \\ CH^3 \end{array}$$

ne fournit jamais d'acide acrylique par perte d'eau, suivant la réaction supposée :

$$\begin{array}{ccccc} CO^2H & & CO^2H & \\ | & & | & \\ CH.OH & = & CH & + H^2O \\ | & & \| & \\ CH^3 & & CH^2 & \end{array}$$

Mais la substitution de CO^2H à un des hydrogènes du groupe CH^3, en fournissant l'acide malique, rend cette réaction interne très facile (formation de l'acide fumarique). Il faut donc que l'introduction de CO^2H ait amené le rapprochement de OH et H fixés aux deux carbones voisins, par un changement de la position d'équilibre primitivement favorisée.

Fixation de la position favorisée. — Dans le cas où des radicaux complexes sont fixés aux sommets de deux carbones simplement unis, la position favorisée est très difficile à fixer nettement. Il faudrait, en effet, connaître les valeurs relatives des divers attractions et répulsions réciproques de ces radicaux, pour savoir celles qui l'emportent. Or, il faut bien avouer que nous ne savons presque rien sur ces valeurs réciproques. Wislicenus a donné les bases suivantes :

Le carboxyle repousse le carboxyle ;

Le méthyle repousse légèrement le méthyle ;

Le méthyle repousse le carboxyle, et plus fortement que le méthyle.

Ce qui montre le peu de certitude actuelle de ces vues, c'est que Baeyer arrive à des conclusions toutes contraires :

Le méthyle attire le méthyle ;

Le méthyle attire le carboxyle, mais plus faiblement que le méthyle.

Il se fonde, pour établir ceci, sur la stabilité de l'hydrure d'éthyle opposée au peu de stabilité de l'acide acétique.

Une appréciation sérieuse des vraies conditions d'équilibre ne pourra être établie que sur une longue série de documents qui manquent encore. Les cas actuellement connus des acides alcoylsucciniques favorisent également les vues de Baeyer et celles de Wislicenus, sans décider pour les unes où les autres. Il faudra trouver et étudier des cas moins élastiques.

Isoméries par différences dans les positions favorisées. — On s'est demandé si, pour un même corps, il ne pouvait pas exister plusieurs positions d'équilibre de stabilités comparables. En général, cela ne se peut pas, parce que la position dite favorisée semble incomparablement plus stable que tout autre. Bischoff avait cru trouver des isoméries de ce genre chez les acides alcoylsucciniques. Mais il s'est trouvé que ce qu'il croyait être des acides succiniques substitués étaient des acides alcoylglutariques, obtenus par une réaction anormale.

Dans un autre cas, celui de l'acide bibromopropionique de formule :

$$CH^2Br — CHBr — CO^2H$$

l'existence de deux *isomères dynamiques* semble plus probable. On connaît deux modifications de ce corps :

1° Une stable, fondant à 64 degrés.

2° Une instable, fondant à 51 degrés.

Cette modification instable se transforme spontanément en l'autre.

Elle s'obtient quand l'acide fondant à 64 degrés est chauffé de 15 à 30 minutes à 80°-90 degrés, puis cristallisé lentement. Tanatar (*Journ. de Ph. de Chim., Russe*, f. 8, p. 615) a étudié soigneusement le phénomène et constaté que la transformation de l'acide instable fondu, obtenue rapidement en y projetant un petit cristal de l'acide stable, dégage une quantité de chaleur variant de 0°,775 à 0°,475, ce qui permet de supposer l'existence d'une troisième variété intermédiaire, encore plus instable.

Le poids moléculaire des deux acides, obtenu cryoscopiquement avec de l'eau, est le même. Ce ne sont donc pas deux polymères. On peut pourtant se demander si l'acide fondant à 51 degrés, reste bien tel quel en solution. Se retrouve-t-il sous la même modification par évaporation de la liqueur? Cela serait nécessaire pour que la détermination cryoscopique fût absolument probante.

Les deux acides seraient alors les deux racémiques des figures 18 et 19. Le premier racémique est le plus stable, car les deux Br y sont au voisinage de H; dans le second, déjà moins stable, un Br est encore au voisinage de H. Enfin un troisième racémique est encore concevable, celui de la figure 20, dans lequel les deux Br seraient en regard l'un de l'autre. Il serait excessivement instable par conséquent et correspondrait au troisième isomère de transition soupçonné par Tanatar.

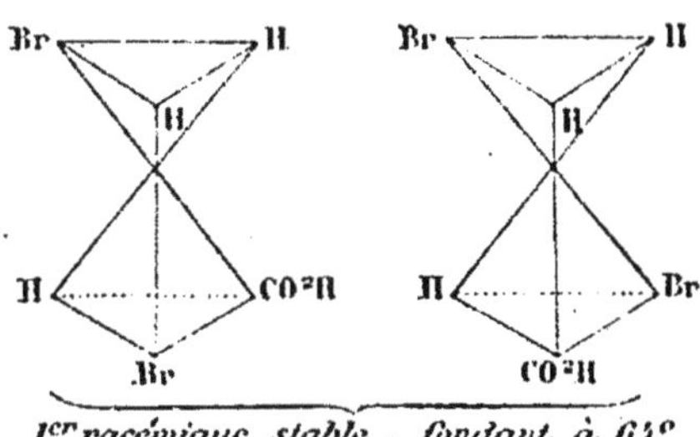

1er racémique stable — fondant à 64°

Fig. 18.

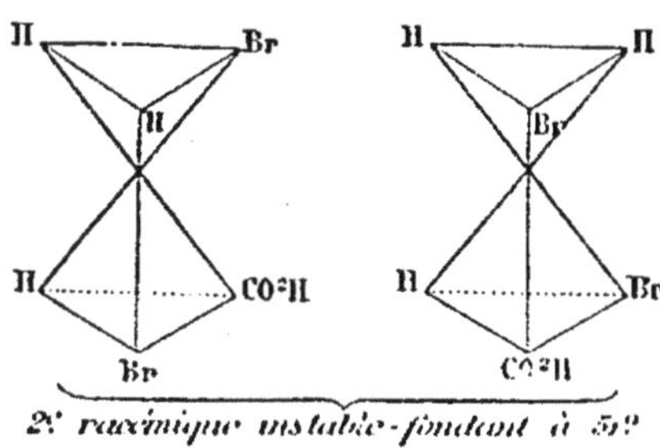

2e racémique instable — fondant à 51°

Fig. 19.

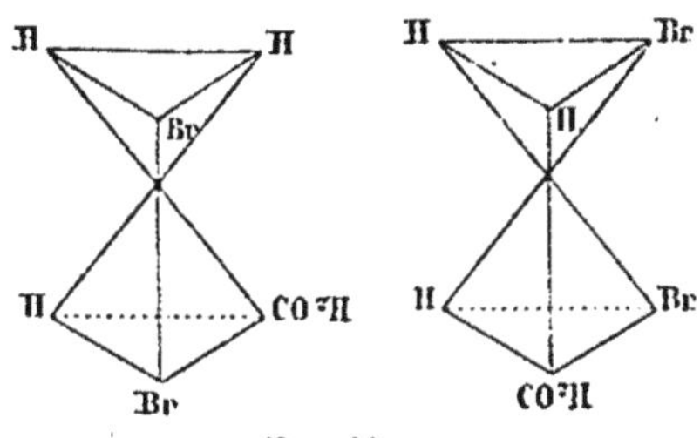

Fig. 20.

De même, dans le cas de l'acide diphénylpropionique :

$$C^6H^5 — CH^2 — CH (C^6H^5) — CO^2H$$

on connaît trois formes, qui correspondraient aux trois positions analogues à celle que nous avons figurée pour l'acide dibromopropionique.

Mais ces isoméries sont encore bien peu nombreuses et bien peu étudiées, et ne peuvent être admises sans réserves.

I bis. — Cas de deux carbones doublement unis. — Dans le cas d'une double liaison éthylénique (*fig.* 21), la distance entre les deux sommets A et B en regard est de 1,4 en prenant pour unité le côté BC du tétraèdre de carbone. Nous avons vu qu'avec la même unité, la distance minima entre deux sommets de deux carbones simplement unis est 1,663.

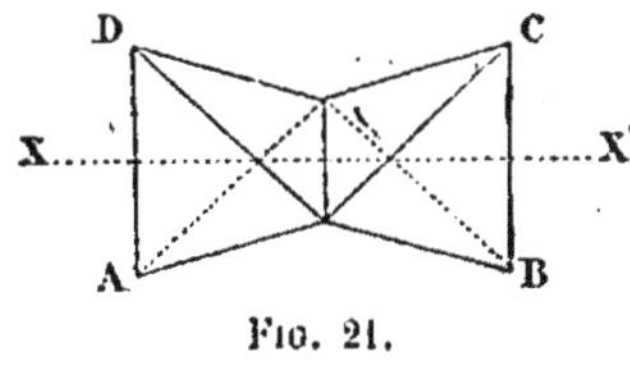

Fig. 21.

La réaction interne entre A et B devrait donc être plus facile que dans la simple liaison. Seulement, il sera évidemment nécessaire, tout d'abord, que les deux éléments réagissants soient, dans le corps considéré, du même côté de l'axe XX'. La facilité de réaction est même le critérium admis de cette constitution stéréochimique.

La réaction interne ne se produira pourtant jamais directement.

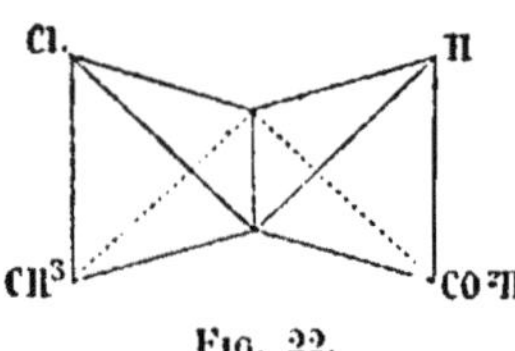

Fig. 22.

Par exemple, l'acide β. chloropéricrotonique (*fig.* 22) peut être distillé à 211° sans donner d'acide tétrolique. Il en est de même pour l'éther de cet acide qui distille à 182° sans altération. On n'a pas remarqué ici, à ma connaissance, ces réactions internes presque spontanées qui ont lieu dans certains cas entre des atomes fixés aux sommets de deux carbones simplement unis. Pour citer un exemple de ces dernières réactions si faciles, si on cherche à former l'acide β². dichlorobutyrique :

$$CH^3 — CCl^2 — CH^2 — CO^2H$$

au moyen de PCl^5 et de l'éther acétylacétique, suivant la réaction :

$$CH^3—CO—CH^2—CO^2C^2H^5+2PCl^5=CH^3.CCl^2—CH^2—COCl+2POCl^3+C^2H^5—Cl$$

même en faisant la réaction quasi à froid, en présence de benzène, on voit se dégager des torrents d'acide chlorhydrique, et on trouve seulement les chlorures des acides β. chlorocrotoniques, formés par le départ spontanée d'HCl :

$$CH^3 — CCl^2 — CH^2 — COCl = HCl + CH^3 — CCl = CH — COCl.$$

L'action du perchlorure de phosphore sur l'acide tartrique fournit de même un chlorure de dichlorosuccinnyle qui se transforme aussitôt en chlorure de chlorofumaryle avec perte de HCl.

$$COCl — CHCl — CHCl — COCl = HCl + COCl — CH = CCl — COCl.$$

Il faut des précautions spéciales pour avoir de l'acide dichlorosuccinique par ce procédé, comme l'a fait M. Le Bel, et, encore, en a-t-on peu.

Nous ne connaissons pas d'éliminations si faciles pour les corps à liaison double. La raison en est facile à démêler. Elle réside dans la quantité considérable d'énergie nécessaire à la formation du triple lien. C'est une conséquence de la tension dans ce triple lien. Il faut donc qu'une énergie accessoire vienne s'ajouter à celle fournie par la formation de l'acide halogéné, tandis que cette dernière suffisait parfois entièrement ou presque entièrement à la production du phénomène dans les cas précédents.

En faisant agir sur l'acide β. chloropéricrotonique examiné, une solution de potasse, la formation de KCl fournira justement ce surplus d'énergie nécessaire à l'établissement du triple lien. Aussi dans ces conditions, la réaction :

$$CH^3 \diagdown \atop Cl \diagup C = C \diagup CO^2H \atop \diagdown H \quad = \quad HCl \quad + \quad CH^3 - C \equiv C - CO^2H$$

acide tétrolique

est-elle particulièrement facile. Elle a lieu dès 70°.

II. — **Actions entre des radicaux fixés aux carbones extrêmes d'une chaîne de trois atomes sinplement unis l'un à l'autre.** — Ce cas est celui de l'action des radicaux A et B dans le schéma de la figure 23.

Or, si nous prenons comme unité l'arête AD du tétraèdre, on trouve pour la distance minima AB (sans torsion des axes) 1,661. — La distance AC était avec la même unité de 1,633. C'est-à-dire que si nous prenons AC comme unité, nous aurons pour AB la valeur 1,022. Les distances AC et AB sont, en conséquence, sensiblement égales, et les réactions entre A et B à peu près aussi faciles qu'entre deux radicaux fixés à deux carbones voisins. Il y a pourtant un léger avantage pour la réaction entre les radicaux fixés aux carbones 1 et 2.

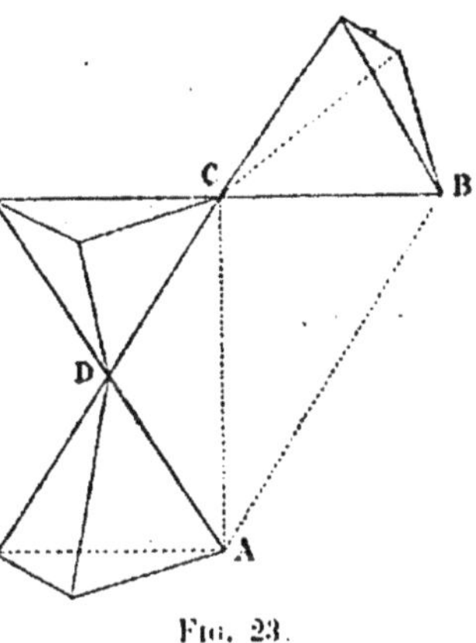

Fig. 23.

Considérons, par exemple, l'α. β. dichlorhydrine de la glycérine.

$$CH^2Cl - CHCl - CH^2.OH.$$

Elle donne par la potasse une élimination d'acide chlorhydrique aux dépens de l'hydrogène de l'hydroxyle, et d'un atome de Cl. Ce chlore pourrait être pris soit à l'atome de carbone 2 soit à l'atome 3. Or, la distance minima possible étant un peu plus faible pour le chlore fixé au carbone 2, que pour celui fixé au carbone 3; cela décidera sans doute le sens de la réaction, et de fait on a uniquement de l'épichlorhydrine :

$$CH^2Cl - CHCl - CH^2.OH = HCl + CH^2Cl - CH - CH^2.$$
$$\underset{O}{\diagdown\diagup}$$

Cette préférence tient à une cause assez faible, car la simple substitution de l'iode au chlore, l'emploi du corps :

$$CH^2I - CHCl - CH^2 - OH$$

va changer, au moins en partie, le sens de la réaction, et comme l'a trouvé M. Bigot (*Ann. chim.*, 6ᵉ *série*, XVII, 468), on aura alors à côté d'épichlorhydrine bouillant à 116 degrés, de l'isoépichlorhydrine :

$$CH^2 - CHCl - CH^2$$
$$\underline{\qquad O \qquad}$$

bouillant à 132°. Il est permis de supposer que, à côté d'autres raisons (dégagement maximum de chaleur), le volume de l'atome d'iode, sans doute plus considérable que celui du chlore, en amenant un plus grand rapprochement possible entre lui et l'hydrogène de l'hydroxyle, n'est peut-être pas étranger au sens de la réaction.

Influence de la position favorisée. — Nous trouvons dans le cas de l'acide phényl β. bromopropionique:

$$C^6H^5 - CHBr - CH^2 - CO^2H$$

déjà examiné plus haut, un exemple plus net de ce que la nature de la position favorisée, peut amener, suivant les cas, une réaction plus facile entre les radicaux fixés aux carbones 1 et 2 ou 1 et 3.

Cet acide *libre* a pour position favorisée, celle de la figure 24, à cause de l'attraction prédominante du brome et de l'hydrogène. Par l'ébullition avec H^2O, l'élimination d'HBr doit donc se faire entre les carbones 1 et 2 et donner naissance à de l'acide cinnamique. Mais faisons le sel de sodium, et pour cela, remplaçons l'H de OH par Na: A cause de l'attraction désormais prédominante du brome pour le sodium, le carbone (1) va tourner de manière à ce que Br se mette en face de Na, et la nouvelle position favorisée sera celle de la figure 25.

En conséquence, la réaction va être toute différente si l'on fait bouillir la solution aqueuse du sel. La distance entre le sommet auquel est fixé le Br et celui auquel est fixé ONa, n'est que de 1,022. Celle entre le sodium et le brome est sans doute encore plus faible

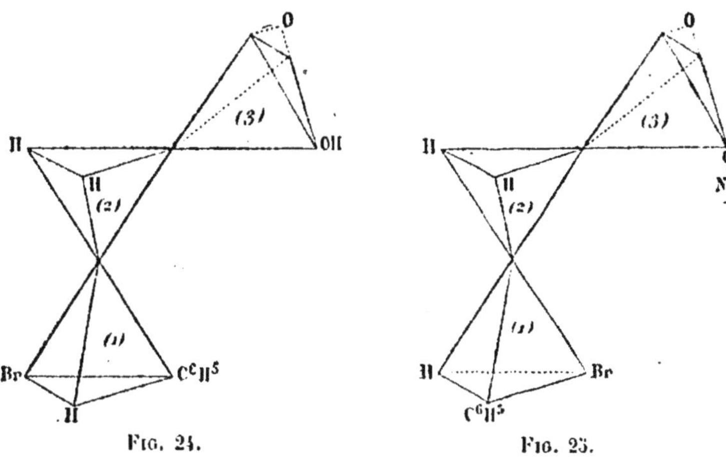

Fig. 24.   Fig. 25.

à cause de l'interposition de l'oxygène entre le carbone et le sodium. Une collision aura donc lieu très facilement, selon le langage de Bischoff, et du bromure de sodium s'éliminera. La réaction a lieu ici entre les groupes fixés aux carbones (1) et (3). La seconde affinité de l'oxygène se sature en rompant la liaison (2) (3), et donnant CO_2. La simple liaison (1) (2) se transforme simultanément en double et la réaction a lieu avec formation de styrol, d'acide carbonique et de bromure de sodium (*fig.* 26).

On obtient donc alors beaucoup de styrol. Wislicenus et

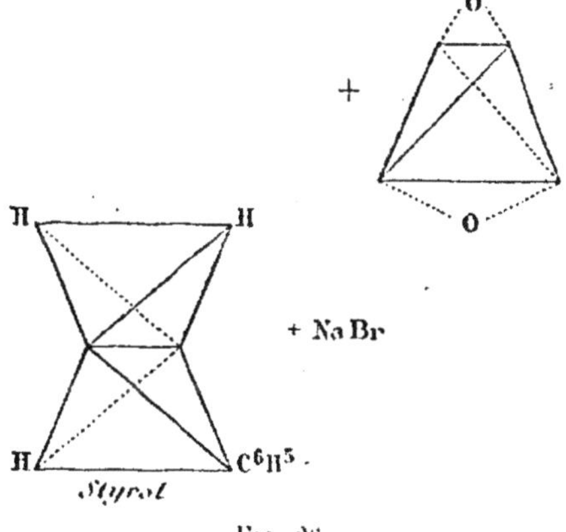

Fig. 26.

Fittig ont observé de nombreuses décompositions similaires qu'on peut expliquer par le même mécanisme.

En résumé, on peut dire qu'une réaction entre groupes fixés aux carbones (1) et (2) et (1) et (3) est à peu près aussi facile, avec pourtant un léger avantage en faveur de (1) et (2). C'est la nature des attractions définissant la position favorisée qui décide si la réaction aura lieu, toutes choses égales d'ailleurs, entre (1) et (2) ou (1) et (3).

II *bis*. — Cas d'une double liaison dans la chaîne. — Avant de laisser de côté les chaînes de 3 atomes de carbone, nous devons dire quelques mots des actions que l'on peut prévoir entre les radicaux A et B, fixés au sommet d'une chaîne telle que celle de la figure 27.

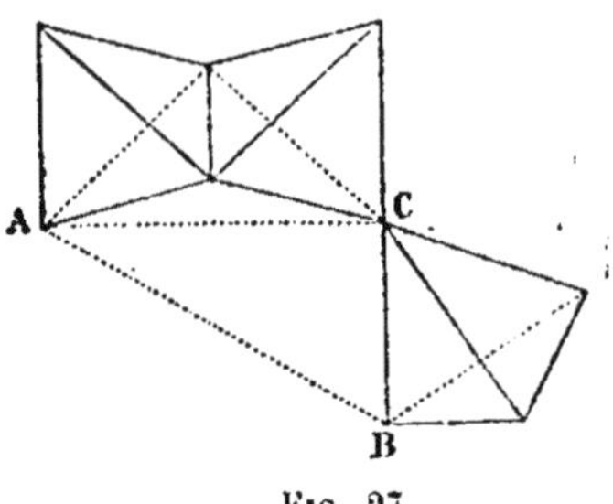

Fig. 27.

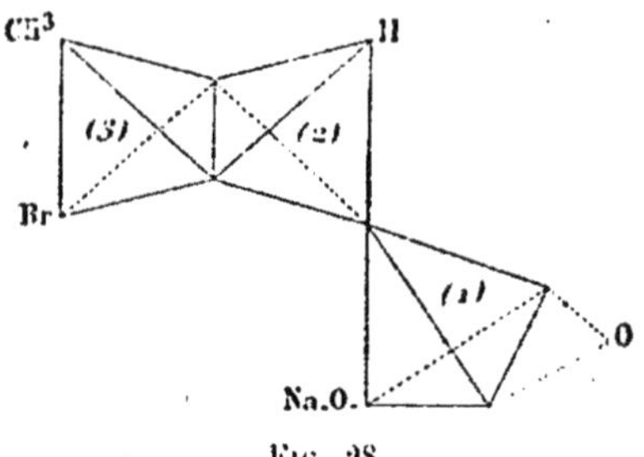

Fig. 28.

Nous avons vu qu'en prenant pour unité le côté BC du tétraèdre, on a AC = 1,4. Nous pouvons calculer alors AB au moyen du triangle rectangle ABC. On trouve ainsi 1,72. C'est une distance supérieure à tout ce que nous avons trouvé jusqu'ici, la distance entre A et B étant de 1,66 sans la double liaison. Nous prévoyons donc par là que les actions internes entre A et B seront particulièrement difficiles.

Donnons deux exemples qui montrent qu'il en est ainsi. — L'acide β. chloranticrotonique obtenu par PCl^5 et l'éther acétylacétique a son sel de sodium représenté par la figure 28.

Or, ce sel est très stable. Bouilli avec la soude, il ne donne pas lieu à la réaction qu'on pouvait attendre :

$$CH^3 - CBr = CH - CO^2Na = NaBr + CO^2 + CH^3 - C \equiv CH.$$

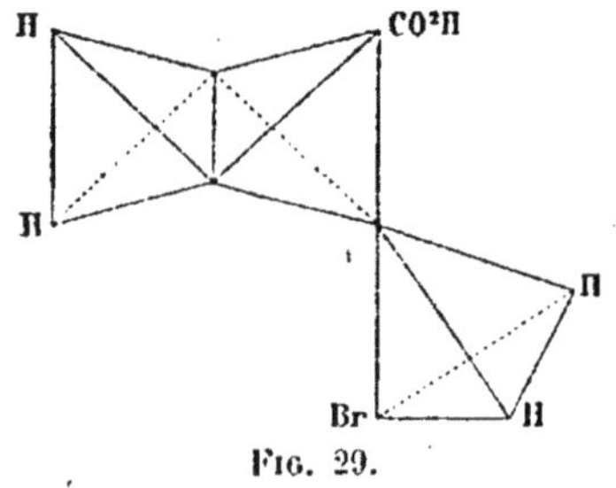

Fig. 29.

Ce n'est qu'à 130° que de l'acide bromhydrique est enlevé, mais seulement par suite d'une transposition et aux dépens de (2) et (3). On a ainsi du tétrolate de sodium :

$$CH^3 - CBr = CH - CO^2Na + NaOH = NaBr + H^2O + CH^3 - C \equiv C - CO^2Na.$$

On connaît un acide bromométhacrylique représenté par la figure 29. Chauffé avec la soude, il ne donne lieu à aucun départ d'acide bromhydrique. D'ailleurs, si ce départ avait lieu, la chaîne fermée qui prendrait naissance présenterait des tensions internes très fortes qui en rendent la formation très problématique.

III. — Actions entre des radicaux fixés aux carbones extrêmes d'une chaîne de 4 atomes simplement unis l'un à l'autre. — Dans ce cas, la distance entre les deux sommets A et B rapprochés le plus possible sans torsion des axes n'est que de 1,089 si on prend pour unité le côté du tétraèdre.

Ainsi la distance entre deux radicaux susceptibles de réaction fixés à ces sommets est à peu près la même que s'ils étaient fixés au même carbone. Or, nous l'avons vu au sujet des collisions de Bischoff, la réaction a lieu spontanément dans ce cas. Il doit en être de même ici, *quand cette distance minima de 1,089 est réalisée.* — En fait, les γ-oxacides gras.

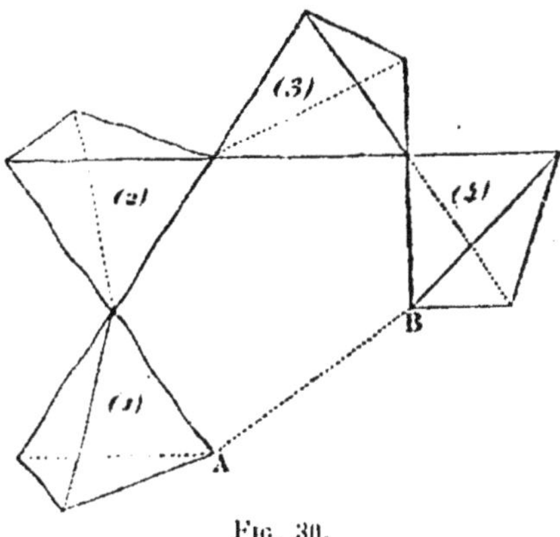

Fig. 30.

$$ R — CH.OH — CH^2 — CH^2 — CO.OH $$

ne peuvent exister libres, tout comme l'acide carbonique hydraté, et aussitôt isolés, se dédoublent d'eux-mêmes en eau et olides, suivant la réaction générale.

$$ \begin{array}{ccc} CH^2 — CH^2 & & CH^2 — CH^2 \\ | \quad\quad | & & | \quad\quad | \\ R — CH \quad CO \;=\; H^2O \;+\; R — CH \quad CO \\ \diagdown\,\diagdown & & \diagdown\quad\diagup \\ OH\;OH & & O \end{array} $$

(olides)

réalisant ainsi nos prévisions.

Influence de la position favorisée. — Il ne faudrait pas croire cependant que tous les groupes susceptibles de réaction mutuelle, étant liés aux carbones (1) et (4), réagiront toujours fatalement. Il est nécessaire, pour que cela ait lieu, que la position favorisée corresponde au rapprochement maximum calculé pour ces deux groupes. Or, dans bien des cas, cette condition peut n'être pas remplie.

Ainsi, si les atomes successifs de carbone étaient disposés convenablement dans le chlorure de butyle normal :

$$CH^2Cl - CH^2 - CH^2 - CH^3$$

il est évident que l'enlèvement de HCl, sous l'action de la potasse alcoolique, devrait s'effectuer entre les carbones 1 et 4 et non 1 et 2. En effet, la distance minima 1 à 2 étant prise pour unité, la distance minima 1 à 4 est : 0,667. On devrait donc obtenir du tétraméthylène suivant la réaction :

$$\begin{array}{ccc} CH^2 - CH^2 \\ | \qquad | \\ CH^3 \quad CH^2Cl \end{array} = HCl + \begin{array}{ccc} CH^2 - CH^2 \\ | \qquad | \\ CH^2 - CH^2 \end{array}$$

La considération des tensions de Baeyer ne vient point à l'encontre de ceci, car c'est le mode de double liaison amenant la moindre tension dans le système. Pourtant on n'obtient que du butylène et la réaction n'a lieu qu'entre les atomes 1 et 2 :

$$CH^3 - CH^2 - CH^2 - CH^2Cl = HCl + CH^3 - CH^2 - CH = CH^2.$$

Cette contradiction apparente avec ce que nous avons prévu, tient à ce que la position favorisée du chlorure de butyle est telle que les groupes CH^3 et CH^2Br sont éloignés. (Répulsion des méthyles) (*fig.* 31.)

L'élimination de HCl ne peut alors s'effectuer qu'aux dépens d'hydrogène pris à 2 ou à 3. Nous savons qu'il y a un avantage en faveur de 2. En conséquence, le butylène prendra normalement naissance.

Tandis que la réaction entre les groupes est si facile chez les γ. oxyacides gras, et semble indiquer un rapprochement maximum des hydroxyles chez ces corps, les sels sont stables et ne fournissent pas d'olides par l'ébullition. Ces rapports sont renversés chez les acides γ. haloïdes gras :

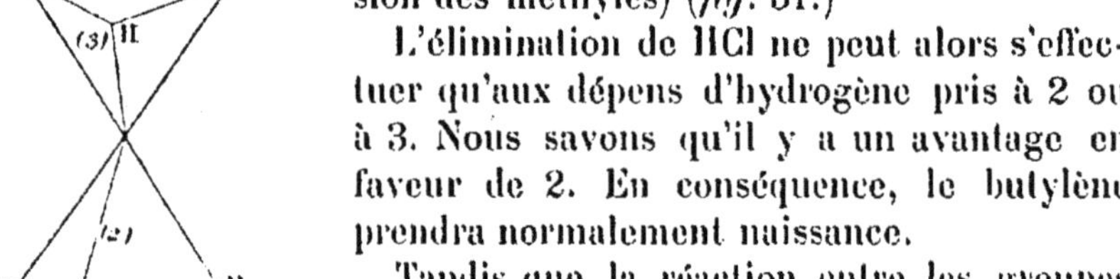

Fig. 31.

$$R - CHCl - CH^2 - CH^2 - CO^2H$$

qui sont stables et cristallisent sans fournir d'olide et d'HCl. C'est qu'ici, sans doute, l'halogène repousse l'hydroxyle et ne peut lui emprunter l'hydrogène nécessaire à la formation du HCl. Les chocs calorifiques pourront amener la formation d'olide, mais il faut aller à 200° pour l'acide :

$$CH^2Cl — CH^2 — CH^2 — CO^2H.$$

Formons maintenant les sels de sodium de ces acides. L'attraction du sodium et du brome doit l'emporter, amener le rapprochement de ONa et de Br et la réaction doit être spontanée. Il est, en effet, impossible d'obtenir les sels de ces acides; ils se dédoublent au moment même de leur formation en bromure de sodium et olides.

Influence de la nature des radicaux fixés au carbone sur la facilité de réaction. — Même chez les γ. oxyacides gras, où la formation d'anhydride est si facile, il est probable que l'introduction de radicaux convenables, en amenant des changements dans la position favorisée, peut entraver le phénomène. Le radical phényle C^6H^5, qui jouit de propriétés si spéciales, ne produira-t-il pas cet effet?

L'expérience répond affirmativement; l'acide phényl-γ-oxybutyrique :

$$C^6H^5 — CH.OH — CH^2 — CH^2 — CO^2H$$

forme de petits prismes stables, fusibles à 75°. (Pechmann, Burcker). C'est à 65°-70° seulement que l'élimination d'eau commence suivant la réaction :

$$C^6H^5 — \underset{\underset{OH}{|}}{CH}\overset{CH^2 — CH^2}{\underset{}{\diagup\hspace{1cm}}} \underset{\underset{OH}{|}}{CO} \quad = \quad H^2O \quad + \quad C^6H^5 — \underset{}{CH}\overset{CH^2 — CH^2}{\underset{O}{\diagup\hspace{0.6cm}\diagdown}} CO$$

Le groupe carboxyle CO^2H, qui exerce sur le reste de la molécule une influence analogue à celle du phényle, donne aussi de la stabilité aux γ. oxyacides gras. L'acide oxyglutarique :

$$CO^2H — CH.OH — CH^2 — CH^2 — CO^2H$$

peut être isolé cristallisé.

Cas des acides alcoylsucciniques. — L'influence de la position favorisée, et par suite des radicaux fixés au carbone, apparaît notamment d'une manière extrêmement remarquable dans les phénomènes de deshydratation interne des acides succiniques substitués. Ce sont particulièrement les travaux de Bischoff, de Riga, qui ont éclairci ces phénomènes.

Remarquons d'abord que les acides bibasiques :

$$CO^2H — CO^2H \qquad \text{oxalique.}$$
$$CO^2H — CH^2 — CO^2H \qquad \text{malonique.}$$
$$CO^2H — CH^2 — CH^2 — CO^2H \qquad \text{succinique, etc.}$$

devraient, théoriquement, fournir des anhydrides internes tels que :

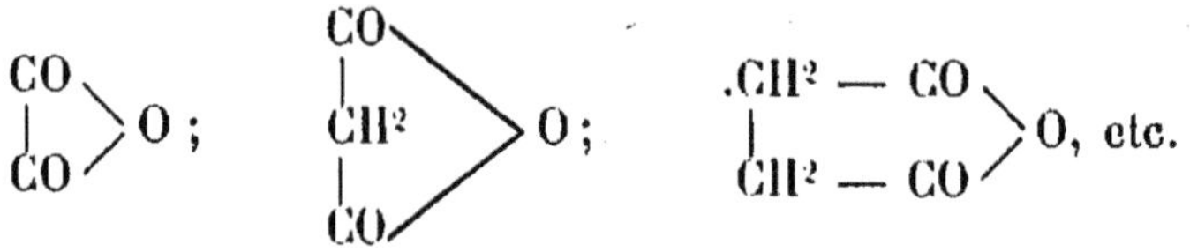

$$\begin{matrix} CO \\ | \\ CO \end{matrix} \Big> O \; ; \qquad \begin{matrix} CO \\ | \\ CH^2 \\ | \\ CO \end{matrix} \Big> O \; ; \qquad \begin{matrix} CH^2 — CO \\ | \\ CH^2 — CO \end{matrix} \Big> O, \text{ etc.}$$

En fait, ce n'est qu'à partir du troisième terme que cette formation semble possible, et comme nous le verrons, elle disparaît dès le cinquième. Il n'est pas impossible de donner d'abord des raisons plausibles de la non-existence d'anhydrides pour les deux premiers termes.

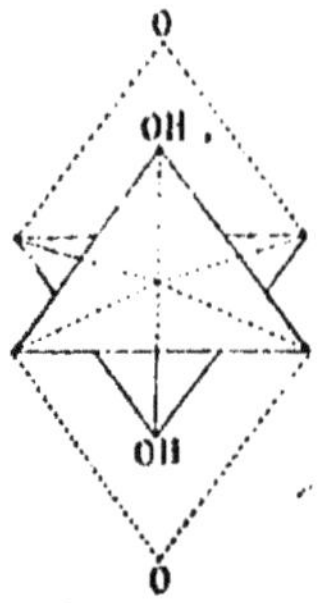

L'acide oxalique a évidemment pour position favorisée, celle de la figure 32.

Les deux hydroxyles étant opposés ne peuvent donner de réaction. Si par la chaleur ou par un agent déshydratant, on cherche à amener la formation d'un anhydride, la molécule ne peut résister à la tension nécessaire et se rompt en fournissant de l'acide carbonique et de l'oxyde de carbone.

Fig. 32.

Pour l'acide malonique, il en est de même. La formation de la chaîne fermée :

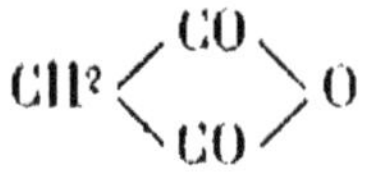

$$CH^2 \Big< \begin{matrix} CO \\ CO \end{matrix} \Big> O$$

exige de trop fortes tensions, pour que la molécule ait quelque stabilité.

Nous arrivons alors à l'acide succinique. Les deux hydroxyles y sont fixés, comme dans les γ. oxyacides gras, aux extrémités d'une

chaîne de quatre atomes de carbone. L'anhydrisation interne est
donc à coup sûr possible, et peut être spontanée, si le rapprochement
maximum des hydroxyles est naturellement réalisé dans l'acide libre.

En fait, cette dernière condition n'est pas réalisée. Par suite de la
répulsion du carboxyle pour le carboxyle, la
position favorisée de l'acide succinique est
celle de la figure 33.

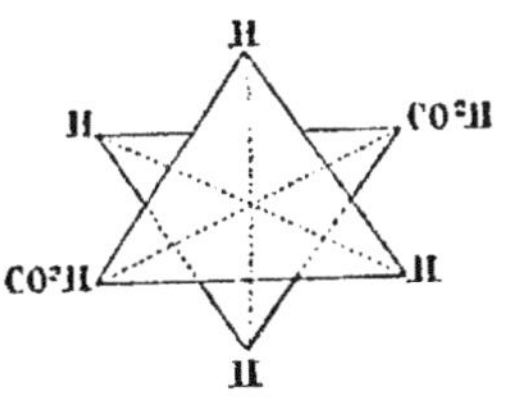

Fig. 33.

Les hydroxyles sont donc bien trop éloignés
pour se prêter à une réaction spontanée. Mais,
d'ailleurs, cette réaction une fois obtenue, l'anhydride sera stable, car il n'y aura pas de fortes
tensions dans la chaîne, puisqu'il n'y aura pas
de grandes flexions des axes. — En effet, l'acide succinique n'offre pas
grande tendance à perdre de l'eau, et son anhydride est très stable.

Pour amener la déshydratation, il faut chauffer fortement l'acide
succinique. Les chocs calorifiques, en produisant une oscillation pério-
dique autour de la position favorisée d'équilibre, oscillation dont l'am-
plitude croît avec la température, finiront par rendre la collision
possible entre les deux hydroxyles, et la formation directe de l'anhydride aura lieu par un mécanisme tout différent de celui qui provoque
la formation des anhydrides d'acides gras, car chez ces derniers, le
départ d'eau n'est jamais direct.

Mais ce qui nous intéresse spécialement, c'est que la substitution
de groupes convenables à l'hydrogène du noyau de l'acide succinique
doit amener une déshydratation plus facile en changeant la nature de
la position favorisée. Les radicaux hydrocarbonés gras ordinaires
C^nH^{2n+1}, suffisent à cet effet.

En effet, si on substitue à un atome d'hydrogène le méthyle, l'éthyle,
le propyle, etc., de manière à avoir les acides :

$$CO^2H — CH — CH^3$$
$$CO^2H — CH^2$$
pyrotartrique.

$$CO^2H — CH — C^2H^5$$
$$CO^2H — CH^2$$
éthylsuccinique.

$$CO^2H — CH — CH^2 — CH^2 — CH^3$$
$$CO^2H — CH^2$$
propylsuccinique.

$$CO^2H — CH — CH \begin{cases} CH^3 \\ CH^3 \end{cases}$$
$$CO^2H \quad CH^2$$
isopropylsuccinique.

on voit la déshydratation devenir de plus en plus facile. Ed. Hjelt (Ber —
XXVI — 1925) a donné des mesures du phénomène. Il a chauffé à 160°
le même poids des divers acides pendant le même temps et a dosé
alors l'acide et l'anhydride. Il a trouvé ainsi :

Acide pyrotartrique . . . . . .   14,1 0/0 d'anhydride.
    »   éthylsuccinique   14,5
    »   propylsuccinique   16,6
    »   isopropylsuccinique . .   29,6

Il semble que le radical introduit agit surtout à cause de son
volume atomique, en s'écartant de plus en plus du carboxyle lié à
l'autre carbone, au fur et à mesure que son volume croît, et amenant
ainsi un rapprochement graduel des carboxyles. La grande efficacité
de l'isopropyle, vis-à-vis de celle bien plus faible du propyle normal
est particulièrement instructive à ce point de vue. C'est que l'isopropyle, plus ramassé, doit amener pour se loger un changement plus
grand de la position favorisée que la chaîne linéaire du propyle. Il
est permis de prévoir que l'acide phénylsuccinique doit se déshydrater
bien plus vite encore, car le phényle est très ramassé et a un volume
atomique considérable.

Si on poursuit la substitution de l'hydrogène par le méthyle, la
facilité de déshydratation continue à croître.

Pour l'acide diméthylsuccinique non symétrique :

$$CO_2H - C \underset{\textstyle CH_3}{\overset{\textstyle CH_3}{<}}$$
$$CO_2H - CH_2$$

Hjelt a trouvé, dans les mêmes conditions que plus haut 36,7 p. 100
d'anhydride formé. Pour l'acide méthyléthylsuccinique de formule :

$$CO_2H - CH - C_2H_5$$
$$CO_2H - CH - CH_3$$

la déshydratation se produit complètement à 100°-105°. Enfin, pour
l'acide tétraméthylsuccinique :

$$CO_2H - C (CH_3)_2$$
$$CO_2H - C (CH_3)_2$$

il suffit d'un faible et court chauffage (Bischoff). Ceci montre nettement le changement graduel de la position favorisée amenant peu à peu un rapprochement des hydroxyles.

Nous retrouverons plus tard l'acide glutarique et ses homologues supérieurs au sujet des chaînes en C^5.

Fermeture de la chaîne en C^4. — Nous avons vu, au sujet du chlorure de butyle normal :

$$CH^2Cl — CH^2 — CH^2 — CH^3$$

que la considération des positions favorisées explique qu'on ne puisse pas fermer la chaîne par enlèvement de HCl entre les carbones extrêmes, et que cet enlèvement ait lieu de préférence entre les carbones 1 et 2. Il en est tout autrement dans le cas suivant étudié par Colman et Perkin (*Chem. Soc.*, LII-201), qui va nous montrer non seulement une réaction interne, mais encore la fermeture directe de la chaîne sans interposition d'atomes étrangers.

Prenons le corps dibromé :

$$CH^2Br — CH^2 — CH^2 — CHBr — CH^3$$

et faisons agir sur lui le sodium en fil. Il se forme sans doute d'abord un composé organo-métallique, tel que :

$$Na — CH^2 — CH^2 — CH^2 — CHBr — CH^3.$$

La grande attraction du sodium pour le brome, modifiant la position favorisée, doit aussitôt amener un rapprochement du métal et de l'halogène. En effet du bromure de sodium s'élimine et la chaîne se ferme en donnant le méthyltétraméthylène :

$$\begin{array}{ccc} CH^2 & — & CH^2 \\ | & & | \\ CH^2 & — CH — & CH^3 \end{array}$$

Il faut, pour donner naissance à ce corps, de puissantes affinités comme celles mises ici en jeu, car nous l'avons vu au sujet des théories de Baeyer, une certaine tension existe dans le tétraméthylène, tension qui ne doit pas exister, ou être plus faible, dans les corps lactoniques à cause de l'interposition de l'oxygène.

Actions entre radicaux autres que l'hydroxyle. — Nous avons surtout envisagé l'action de l'hydroxyle sur l'hydroxyle, parce que les exemples abondent. Mais beaucoup d'autres radicaux étant fixés aux carbones 1 et 2 peuvent réagir les uns sur les autres, parfois même plus facilement que les hydroxyles.

Ainsi l'acide dithiosuccinique :

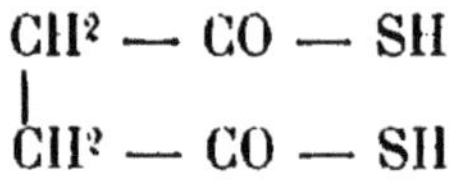

$$CH^2 - CO - SH$$
$$|$$
$$CH^2 - CO - SH$$

donne spontanément, dès qu'on l'isole de ses sels, de l'acide sulfhydrique et le sulfosuccinyle :

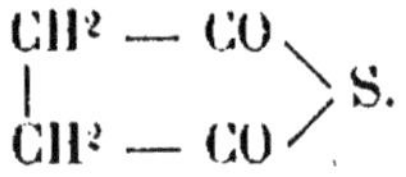

$$\begin{array}{l} CH^2 - CO \\ \quad | \qquad\qquad \rangle S. \\ CH^2 - CO \end{array}$$

Ici, nous avons donc une réaction très facile de SH sur SH. L'acide aminobutyrique :

$$AzH^2 - CH^2 - CH^2 - CH^2 - CO^2H$$

chauffé au-dessus de son point de fusion, donne directement de l'eau et :

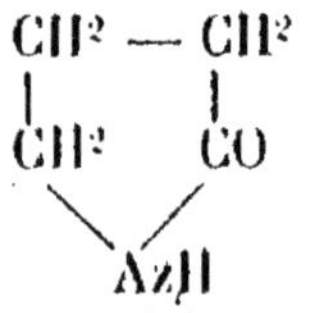

$$\begin{array}{cc} CH^2 & - & CH^2 \\ | & & | \\ CH^2 & & CO \\ & \searrow \swarrow \\ & AzH \end{array}$$

pyrrolidone

Ici ce sont les radicaux AzH^2 et OH qui entrent en réaction interne. C'est la réaction générale de formation des pyrrolidones substituées.

Le chlorhydrate de diaminométhylbutane.

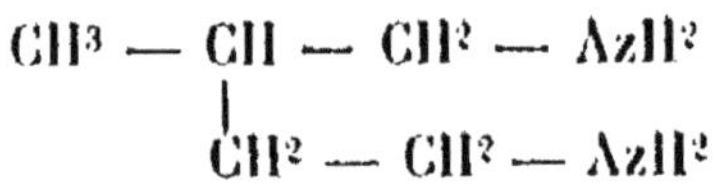

$$CH^3 - CH - CH^2 - AzH^2$$
$$|$$
$$CH^2 - CH^2 - AzH^2$$

soumis à la distillation perd $AzH^3.HCl$, et donne la β. méthylpyrroli-
done :

$$CH^3 - CH - CH^2 \atop CH - CH^2 \Big\rangle AzH.$$

Ici ce sont deux groupes AzH^2 qui sont entrés en réaction interne.

**III *bis*. — Cas d'une double liaison dans la chaîne de quatre
atomes de carbone.** — Nous devons maintenant parler des deux
chaînes :

$$C - C = C - C$$
$$C = C - C - C$$

renfermant une double liaison.

A. — *Chaine* $C - C = C - C$. — En examinant la figure stéréochimique de cette chaîne schématisée (*fig.* 34), on voit qu'en premier
lieu, pour qu'une action réci-
proque soit possible entre deux
radicaux fixés aux extrémités
de la chaîne, il faut que les carbones 1 et 4 soient vis-à-vis
de la double liaison dans la
position dite maléique. —
Alors, entre les deux sommets
extrêmes A et B, la distance
minima sans flexion des axes

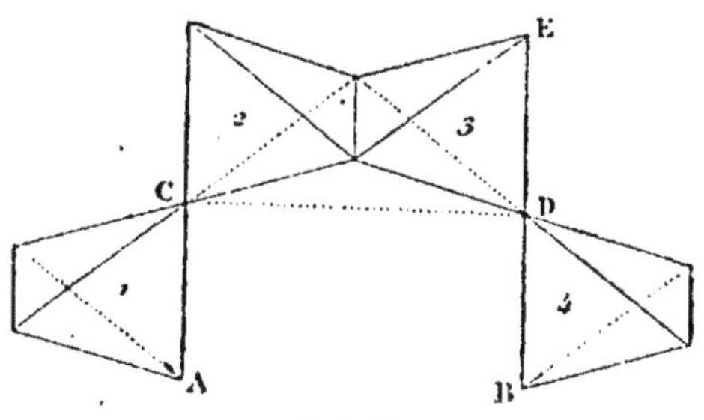

Fig. 34.

est précisément égale à celle des deux sommets CD d'une double
liaison. En effet, BD est dans le prolongement de ED et perpendiculaire à CD. D'ailleurs AC et BD sont parallèles.

Donc AB a pour longueur 1.4 en prenant pour unité le côté du
tétraèdre, la distance minima des sommets de deux carbones simplement unis étant 1,63. Les réactions entre des radicaux fixés en A et B
seront donc plus faciles qu'entre radicaux fixés à deux carbones simplement unis.

L'acide térélactonique :

$$CO^2H - CH = CH - C.OH \Big\langle {CH^3 \atop CH^3} .$$

offre justement, dans cette série, un cas tout à fait analogue à celui des γ. oxyacides gras saturés. Or, cet acide perd effectivement H^2O dès qu'on l'isole de ses sels, en donnant la térélactone.

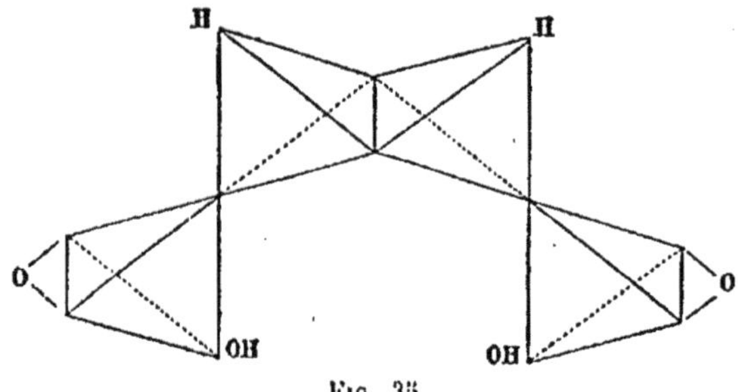

qui est seule stable.

Anhydrides maléiques et alcoylmaléiques. — Une catégorie importante de phénomènes, la déshydratation des acides du type maléique, rentre dans cette série. La formule stéréochimique de l'acide maléique est, en effet, schématisée par la figure 35.

Fig. 35.

En fait, la déshydratation de l'acide maléique a lieu avec facilité par simple chauffage, et l'anhydride obtenu est très stable.

L'influence des radicaux alcooliques substitués à l'hydrogène du noyau est aussi fort remarquable dans ce cas. Ils paraissent encore agir par leur volume, en amenant un écart des sommets libres de 2 et 3, auxquels ils sont fixés, comme s'ils cherchaient à se gêner le moins possible. Le phénomène a d'autant plus de raison d'être ici, que ces deux sommets sont précisément fort rapprochés dans la position normale. L'écart des sommets libres de 2 et 3 a évidemment pour effet de rapprocher les deux hydroxyles. Il y a donc de sérieuses raisons de penser que l'introduction des radicaux gras aura encore plus d'influence que chez les acides alcoylsucciniques.

En effet, l'acide éthylmaléique :

$$\frac{C^2H^3}{CO^2H}{>}C = C{<}\frac{H}{CO^2H}$$

se transforme en anhydride dès 70°.

Et l'acide dibromomaléique :

$$CO\!\!\underset{OH}{\overset{Br}{\diagup}}\!\!C = C\!\!\underset{CO}{\overset{Br}{\diagdown}}\!\!OH$$

partiellement de lui-même dès la température ordinaire. Quant aux acides diméthyl et diéthyl-maléique (pyrocinchonique et xéronique) :

$$CO\!\!\underset{OH}{\overset{CH^3}{\diagup}}\!\!C = C\!\!\underset{CO}{\overset{CH^3}{\diagdown}}\!\!OH \qquad CO\!\!\underset{OH}{\overset{C^2H^5}{\diagup}}\!\!C = C\!\!\underset{CO}{\overset{C^2H^5}{\diagdown}}\!\!OH$$

ils ne peuvent exister libres ; et aussitôt isolés de leurs sels, même en solution aqueuse, donnent immédiatement leur anhydride respectif.

b. — **Chaînes** $C = C — C — C.$ — La figure stéréochimique de cette chaîne est donnée dans la figure 34.

La distance AB réduite à son minimum sans flexion des axes est réalisée quand AD, CD et CB sont dans un même plan. On calcule alors facilement AB au moyen du triangle ADB, ou :

$$AD = 1,4$$
$$BD = 1,633$$
$$\text{Angle ADB} = 54°,40'.$$

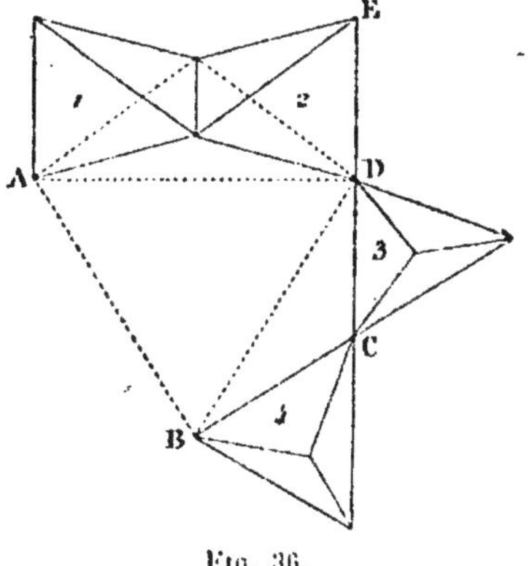

Fig. 36.

On trouve ainsi : $AB = 1,4$. Ce que nous avons dit pour le cas précédent s'applique donc encore ici, et une réaction est facile entre A et B, à condition que la position favorisée corresponde au rapprochement maximum.

L'expérience confirme ces prévisions. Il existe un corps nommé acétylpropanol, auquel on donne généralement la formule :

$$CH^3 — CO — CH^2 — CH^2 — CH^2.OH.$$

Mais l'on sait que, dans la plupart des réactions, et spécialement dans celles que nous avons à examiner, il se comporte plutôt comme ayant la formule tautomère :

$$CH^3 - COH = CH - CH^2 - CH^2.OH$$

et rentre par conséquent, au point de vue de la réaction possible des 2 OH, dans le cas que nous venons d'examiner. Or ce corps, bouillant à 207°, fournit directement par une ébullition prolongée de l'eau et l'anhydride :

$$CH^3 - \underset{\displaystyle O}{\underset{\displaystyle C}{\overset{\displaystyle CH - CH^2}{\|}}} \quad CH^2$$

bouillant à 72° qui redonne facilement le corps primitif par l'eau.
L'acide lévulique :

$$CH^3 - COH = CH - CH^2 - CO^2H$$

rentre aussi dans le même cas. Distillé, il fournit en effet de l'eau et un anhydride :

$$CH^3 - \underset{\displaystyle O}{\underset{\displaystyle C}{\overset{\displaystyle CH - CH^2}{\|}}} \quad CO$$

L'acide diméthyllévulique se comporte tout à fait de même.

III *ter*. — Cas de deux doubles liaisons dans la chaîne de quatre atomes de carbone.. — Cette chaîne, fort importante, a pour figure stéréochimique le schéma (*fig.* 37).

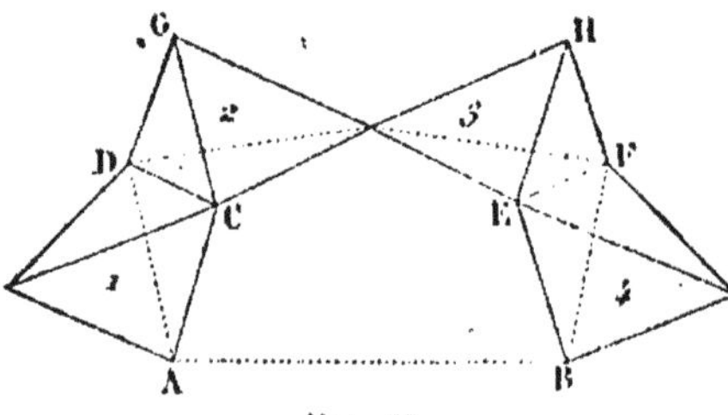

Fig. 37.

On voit à première vue que la distance AB est au minimum sans torsion des axes, égale à la distance 1,633 des sommets de deux carbones simplement unis. En effet, les faces CDG et DCA sont dans le même plan. De même EFH et BEF. Ces deux plans sont parallèles et distants de 1,633.

Or, nous savons qu'une réaction interne de deux radicaux est possible dans ces conditions. Voyons si les faits justifient nos prévisions.

Réactions entre 2OH. Groupe du furfurane. — Les γ. diacétones de formule :

$$X - CO - CH^2 - CH^2 - CO - X'$$

rentrent dans le cas que nous étudions. Elles se comportent, en effet souvent, et particulièrement dans le cas qui nous occupe, comme possédant la formule :

$$X - COH = CH - CH = COH - X'.$$

Les deux OH sont situés aux extrémités d'une chaîne semblable à celle de la figure précédente.

Or, l'acétonylacétone :

$$CH^3 - COH = CH - CH = COH - CH^3$$

distillée avec du chlorure de zinc perd H^2O par réaction interne entre ses deux hydroxyles, et fournit le diméthylfurfurane.

$$
\begin{array}{c}
CH - CH \\
\| \quad\quad \| \\
CH \quad\quad C - CH^3 \\
\diagdown \quad \diagup \\
O
\end{array}
$$

Cette réaction, possible, comme on le voit, n'est cependant pas extrêmement facile, car la distillation simple de l'acétonylacétone, qui bout à 194°, ne donne encore lieu à aucun départ d'eau. Ceci ne doit pas nous étonner, car le rapprochement des deux radicaux, tout en rendant une réaction possible, n'est pas assez grand pour qu'elle soit spontanée. D'ailleurs, le diméthylfurfurane, une fois formé, est très stable, et pour régénérer par hydratation l'acétonylacétone, il est nécessaire de le chauffer avec de l'acide chlorhydrique concentré.

L'introduction de radicaux à la place de l'hydrogène du noyau, ne paraît pas faciliter beaucoup la réaction. L'acide diacétylsuccinique :

$$
\begin{array}{c}
CO^2H - C - C - CO^2H \\
\| \quad\quad \| \\
CH^3 - COH \quad COH - CH^3
\end{array}
$$

doit encore être chauffé avec de l'acide chlorhydrique concentré, pour perdre H_2O et donner l'acide carbopyrotritarique (diméthylfurfurancdicarbonique) :

$$CO_2H - C - C - CO_2H$$
$$CH_3 - \underset{\underset{O}{\diagdown \diagup}}{C} \qquad \underset{}{C} - CH_3$$

Quoi qu'il en soit, l'existence des nombreux dérivés furfuraniques, la généralité des synthèses précédentes, la formation si fréquente de furfurol, et la propriété de ces dérivés, dè se comporter comme des noyaux à individualité propre, à la manière du benzène, par exemple, tout cela vient appuyer les conceptions stéréochimiques.

Réaction entre deux SH. Groupe du thiophène. — Ceci est encore plus net pour le groupe du thiophène :

$$CH - CH$$
$$\underset{\underset{S}{\diagdown \diagup}}{CH} \qquad CH$$

qui jouit d'une stabilité tout à fait comparable, sinon supérieure à celle du benzène. Or, si nous faisons réagir sur l'acétonylacétone le pentasulfure de phosphore de manière à avoir

$$CH - CH$$
$$CH_3 - C.SH \qquad C.SH - CH_3$$

une élimination simultanée d'H_2S a aussitôt lieu, et c'est l'oo-diméthylthiophène que l'on obtient :

$$CH - CH$$
$$CH_3 - \underset{\underset{S}{\diagdown \diagup}}{C} \qquad C - CH_3$$

par suite d'une réaction interne immédiate entre les deux SH (Paal —

Ber. XVIII — 2252). Cette réaction est générale. On voit ici que des corps tels que :

$$CH^3 — C.SH = CH — CH = C.SH — CH^3$$

sont instables et donnent spontanément H^2S.

Réactions entre AzH^2 et OH. Groupe du pyrrol. — Le groupe du pyrrol :

$$\begin{array}{ccc} CH & — & CH \\ \| & & \| \\ CH & & CH \\ & \searrow \swarrow & \\ & AzH & \end{array}$$

présente lui aussi une stabilité nucléaire considérable, attestée par sa formation pyrogénée dans nombre de cas. Or, les corps de ce groupe s'obtiennent synthétiquement par l'action de l'ammoniaque sur les γ.diacétones. Si on fait réagir à 150° l'ammoniaque sur l'acétonylacétone, il se forme sans doute d'abord :

$$\begin{array}{ccc} CH & — & CH \\ \| & & \| \\ CH^3 — C.AzH^2 & & C.AzH^2 — CH^3 \end{array}$$

ou :

$$\begin{array}{ccc} CH & — & CH \\ \| & & \| \\ CH^3 — COH & & C.AzH^2 — CH^3 \end{array}$$

Quoi qu'il en soit, le corps formé n'est pas stable. Il perd aussitôt de l'eau ou de l'ammoniaque par réaction immédiate entre les deux radicaux extrêmes et donne un dérivé pyrrolique :

$$\begin{array}{ccc} CH & — & CH \\ \| & & \| \\ CH^3 — C & & C — CH^3 \\ & \searrow \swarrow & \\ & AzH & \end{array}$$

Volumes relatifs de O, AzH. et S. — De l'existence et de la stabilité de ces trois noyaux : furfurane, pyrrol et thiophène, on peut conclure, avec quelques raisons, que O, AzH et S ont un volume atomique voisin et comparable à l'intervalle 1,6 qui existe entre les deux carbones extrêmes. L'ordre des stabilités :

$$
\begin{array}{lll}
\text{Thiophène.} & \ldots & \text{stabilité très grande} \\
\text{Pyrrol.} & \ldots\ldots & \text{»} \quad \text{moyenne} \\
\text{Furfurane.} & \ldots\ldots & \text{»} \quad \text{minima}
\end{array}
$$

permet même de penser que le soufre est le plus volumineux, puis l'imidogène, et enfin que l'oxygène serait le plus petit.

IV. — Actions entre des radicaux fixés aux carbones extrêmes d'une chaîne de 5 atomes, simplement unis l'un à l'autre. — La figure stéréochimique d'une telle chaîne est représentée par le schéma (*fig.* 38).

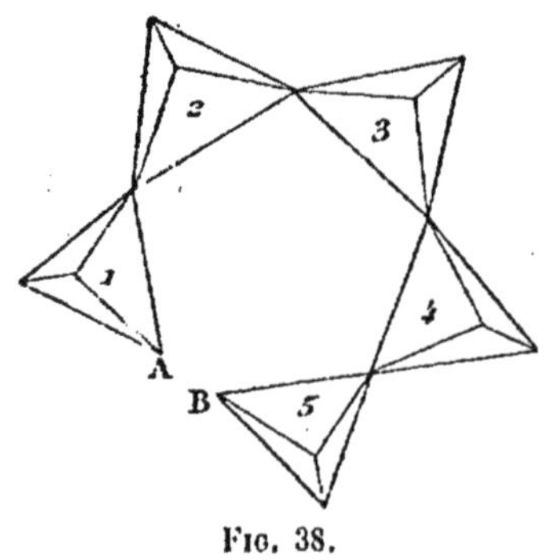

Fig. 38.

La distance minima sans flexion des axes, entre les sommets A et B est excessivement faible et égale à 0,111 en prenant pour unité le côté du tétraèdre. Il devrait donc y avoir une réaction excessivement facile, nécessaire même entre des radicaux fixés à ces sommets, étant supposé toujours que la position favorisée correspondit à ce rapprochement maximum.

En réalité, cet excessif rapprochement est une sorte d'obstacle à une réaction du genre de la formation d'une olide. Car, l'interposition d'un atome d'oxygène entre les sommets A et B ne peut se faire qu'en écartant ces sommets et amenant ainsi une tension dans la chaîne formée (Wislicenus). Très facile encore, la réaction entre deux hydroxyles fixés en A et B, le sera moins pourtant que dans le cas de quatre atomes et la δ. lactone formée sera aussi moins stable.

En effet, les δ. oxyacides gras

$$CO^2H - CH^2 - CH^2 - CH^2 - CHOH - R$$

sont stables et cristallisés. Ils donnent, d'ailleurs, les δ. olides.

$$
\begin{array}{ccc}
 & CH^2 & \\
 & \diagup \quad \diagdown & \\
CH^2 & & CH^2 \\
| & & | \\
CO & & CH - R \\
 & \diagdown \quad \diagup & \\
 & O &
\end{array}
$$

par simple chauffage à 100°, mais la transformation n'est pas complète. De plus, les δ. olides fixent directement l'eau hygrométrique en redonnant le δ. oxyacide gras, qui est définitivement ici la forme stable.

Deshydratation des acides alcoylglutariques. — L'acide glutarique:

$$OH.CO — CH^2 — CH^2 — CH^2 — CO.OH$$

homologue supérieur de l'acide succinique a ses deux OH en 1.5. La position favorisée doit correspondre, non à celle de la figure 38, mais à un écart des deux radicaux extrêmes, car les carboxyles se repoussent, comme nous l'avons vu pour l'acide succinique. En outre, la position 1.5 étant peu favorable à l'interposition d'oxygène entre les deux sommets, la formation d'anhydride doit être ici assez difficile, quoique possible. En effet l'acide glutarique peut être distillé à 302.304 sans fournir presque d'anhydride. Ce n'est que par l'action du chlorure d'acétyle sur son sel d'argent que l'on obtient une deshydratation complète (Markownikow. *Journ. de Chim. Russe*, IX, 283).

Les deux acides diméthylglutariques:

$$CO^2H — CH(CH^3) — CH^2 — CH^2 — CO^2H$$
$$CO^2H — CH^2 — CH(CH^3) — CH^2 — CO^2H$$

donnent des anhydrides avec une facilité déjà plus grande, car la distillation les transforme entièrement. Pour l'acide triméthylglutarique:

$$CO^2H — C(CH^3)^2 — CH^2 — CH(CH^3) — CO^2H$$

la deshydratation est encore plus facile. La fusion de cet acide qui a lieu à 97° suffit à la produire. Nous voyons encore ici les radicaux alcooliques faciliter, comme pour l'acide succinique la réaction interne des 2 OH, en amenant un changement dans la position favorisée et un rapprochement progressif de ces deux radicaux (Anvers, Meyer. Ber., XXIII, 305).

Réactions entre AzH² et OH. — L'acide δ. aminovalérianique:

$$AzH^2 — CH^2 — CH^2 — CH^2 — CH^2 — CO^2H$$

nous offre l'exemple de la réaction interne d'AzH² et de OH fixés en 1,5

Chauffé à 200° environ, cet acide perd H_2O et donne la pipéridone fondant à 39° (Schotten. Ber., XI, 2244).

$$
\begin{array}{ccc}
 & CH^2 & \\
CH^2 & & CH^2 \\
| & & | \\
CH^2 & & CO \\
 & AzH & \\
\end{array}
$$

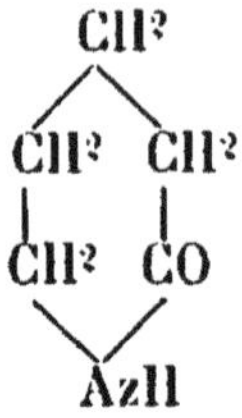

Cette réaction est générale et fournit toutes les pipéridones substituées. Ces corps possèdent une propriété montrant bien l'existence d'une certaine tension interne de la chaîne. Ils se rompent, en effet, par chauffage avec HCl concentré, en régénérant par hydratation la chaîne ouverte dont ils dérivent. Or, nous verrons que la caractéristique des anneaux en C^5Az est au contraire, en général, une stabilité et une résistance prodigieuses à la rupture.

Réactions entre AzH^2 **et** AzH^2. Le chlorhydrate de 1-5 diaminopentane.

$$AzH^2 - CH^2 - CH^2 - CH^2 - CH^2 - CH^2 - AzH^2$$

nous offre l'exemple de la réaction interne entre deux AzH^2 en 1.5. Distillé, il fournit AzH^3HCl et de la pipéridine :

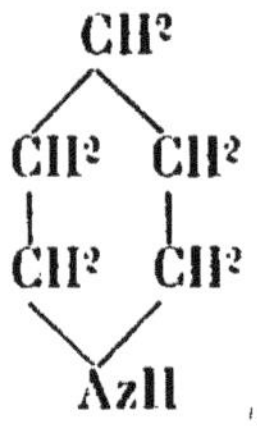

$$
\begin{array}{ccc}
 & CH^2 & \\
CH^2 & & CH^2 \\
| & & | \\
CH^2 & & CH^2 \\
 & AzH & \\
\end{array}
$$

Cette réaction est générale. Les pipéridines sont très stables. Le diaminopentane l'est d'ailleurs aussi, et la réaction n'est point spontanée entre ses deux AzH^2.

Fermeture de la chaîne. — Cette fermeture devrait être facile. Néanmoins le chlorure d'amyle normal :

$$CH^2Cl - CH^2 - CH^2 - CH^2 - CH^3$$

ne donne pas le pentaméthylène par enlèvement de HCl sous l'influence de la potasse alcoolique, mais bien l'amylène :

$$CH^2 = CH - CH^2 - CH^2 - CH^3$$

C'est qu'ici, comme pour la chaine en C^4, la position favorisée normale rapproche le chlore de l'hydrogène du carbone 2 plus que de tout autre. Elle est, en effet, celle de la *fig.* 39.

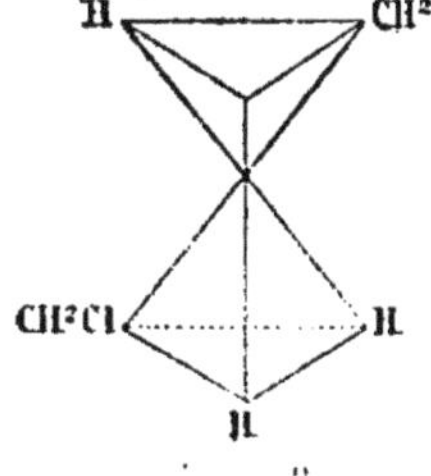

Fig. 39.

Mais ici encore l'action du zinc sur le corps dibromé :

$$CH^2Br - CH^2 - CH^2 - CH^2 - CH^2Br$$

amènera facilement la fermeture cherchée et la formation de pentaméthylène (Gustavson. *Journ. de Chim. Russe*, XXI, 314).

$$
\begin{array}{ccc}
CH^2 & - & CH^2 \\
| & & | \\
CH^2 & & CH^2 \\
\searrow & & \swarrow \\
& CH^2 &
\end{array}
$$

C'est que le changement de la position favorisée, amené par l'attraction du zinc et du brome dans le composé organométallique transitoirement formé, amène le rapprochement des deux sommets extrêmes, la réaction interne, et la fermeture de la chaine. Le pentaméthylène est très stable.

IV *bis*. — Chaînes en C^5 renfermant une double liaison. — Ce sont les deux chaînes :

$$C = C - C - C - C$$
$$C - C = C - C - C$$

a. — *Chaîne* $C = C - C - C - C$. — La figure stéréochimique de cette chaine est celle de la *fig.* 40.

On trouve pour la distance AB : 0,575, le côté du tétraèdre étant pris pour unité. Cette distance plus considérable que celle de 0,111, qui existe entre les deux sommets extrêmes de la chaine simple, se

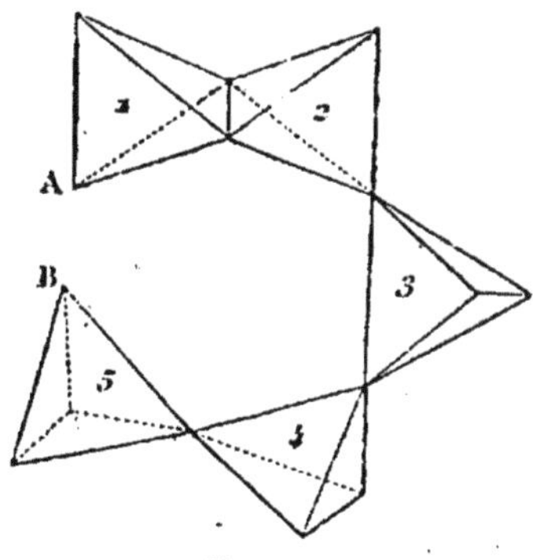

Fig. 40.

prête un peu plus facilement à l'introduction entre A et B d'un atome d'oxygène.

Nous voyons en effet l'alcool acétylbutylique :

$$CH^3 — COH = CH — CH^2 — CH^2 — CH^2.OH$$

bouillant à 226 degrés donner, par simple ébullition, un anhydride stable :

$$
\begin{array}{c}
CH^2 \\
CH \quad CH^2 \\
CH^3 — C \quad CH^2 \\
O
\end{array}
$$

(Perkin. *Chem. Soc.*, LI.723). Néanmoins cette faible distance n'est sans doute pas encore bien favorable à la formation d'une olide, car on n'a trouvé chez l'acide acétylbutyrique :

$$CH^3 — COH = CH — CH^2 — CH^2 — CO^2H$$

aucune tendance remarquable à former un anhydride, tandis que l'acide lévulique, son homologue inférieur en fournit un.

Fermeture de la chaîne $C = C — C — C — C$. — Cette petite distance de 0,575, peu favorable à l'introduction d'un atome étranger, se prête au contraire à la fermeture de la chaîne, qui n'amènera ainsi qu'une faible tension. Or, Perkin et ses collaborateurs ont justement observé dans ce cas un mode de fermeture dont nous n'avons pas encore vu d'exemple et qui est extrêmement remarquable.

Perkin a constaté que le diacétylbutane :

$$CH^3 — CO — CH^2 — CH^2 — CH^2 — CH^2 — CO — CH^3$$

que nous écrirons tautomériquement :

$$
\begin{array}{c}
CH^3 — COH = CH \\
\qquad\qquad\qquad\qquad > CH^2 \\
CH^3 — CO — CH — CH^2
\end{array}
$$

perd avec la plus grande facilité H^2O en donnant un dérivé du pentaméthylène, par réaction interne entre l'hydroxyle et un atome d'hydrogène fixé au carbone 5 :

$$CH^3 - C = CH \quad OH \quad CH^2 \qquad CH^3 - C = CH \quad CH^2 + H^2O$$
$$CH^3 - CO - CH - CH^2 \qquad\qquad CH^3 - CO - CH - CH^2$$

(Perkin et Marshall. *Chem. Soc.*, LVII.242). Il y a donc eu ainsi fermeture de la chaîne. C'est la première fois que nous voyons une élimination *interne* d'eau amener la soudure entre deux carbones. Cette réaction si facile est sans doute rendue possible par ce fait, que la présence du second groupement CO amène l'hydrogène du carbone 5 au voisinage maximum de l'hydroxyle, phénomène qui n'est pas réalisé, en général, dans la position favorisée normale.

Cette réaction interne avec fermeture de la chaîne est générale. L'acide diacétyladipique donne de même par la potasse alcoolique la réaction :

$$CH^3 - C = C \begin{matrix} CO^2H \\ CH^2 \end{matrix} \qquad CH^3 - C = C \begin{matrix} CO^2H \\ CH^2 + H^2O \end{matrix}$$
$$CH^3 - CO - C - CH^2 \qquad CH^3 - CO - C - CH^2$$
$$CO^2H \qquad\qquad CO^2H$$

le corps formé donnant aussitôt par la potasse :

$$CH^3 - C = C \begin{matrix} CO^2H \\ CH^2 \end{matrix} + CH^3.CO.OK$$
$$CO^2H - CH - CH^2$$

(Perkin, *Chem. Soc.*, LVII-233). L'acide méthyldiacétyladipique se comporte aussi de même (Perkin et Stenhouse, *Chem. Soc.*, LXI-81).

b. — *Chaîne* C — C = C — C — C. — Pour qu'il puisse avoir réaction entre des radicaux fixés aux sommets extrêmes de cette chaîne, il faut, tout d'abord, que les deux fractions de la chaine situées de part et d'autre de la double liaison, soient l'une par rapport à l'autre dans la position maléique. On a alors comme figure stéréochimique de cette chaine le schéma figure 41.

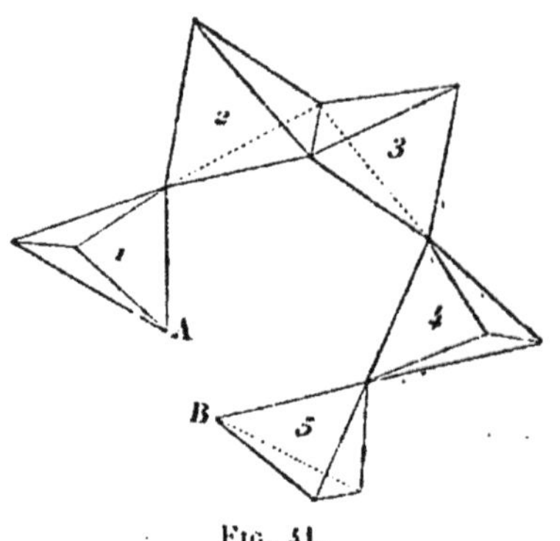

Fig. 41.

La distance minima de A et B sans torsion est de 0,56, le côté du tétraèdre étant de 1. On est, à peu de chose près, dans les mêmes conditions que pour la chaine précédente.

L'acide glutaconique :

$$CO^2H - CH = CH - CH^2 - CO^2H$$

rentre dans ce cas. D'après Büchner (Ber., XXIII-703), il donne un anhydride par le chlorure d'acétyle.

M. Genvresse a obtenu un acide méthylglutaconique

$$CO^2H - CH = C(CH^3) - CH^2 - CO^2H$$

qui fournit aussi un anhydride par le chlorure d'acétyle. Il est nécessaire comme on voit d'employer un agent étranger pour avoir la réaction voulue (*Ann. Chim.* [6], XXIV-110).

IV *ter*. — Chaines en C⁵ avec deux doubles liaisons. — Il peut y avoir deux semblables chaines :

$$- C = C - C = C - C -$$
$$- C = C - C - C = C -$$

que nous étudierons successivement.

a. — Chaîne C = C — C = C — C. — Il faut d'abord évidemment pour qu'une action entre des radicaux fixés aux carbones extrèmes soit possible, que chaque fragment de part et d'autre d'une double liaison soit en position maléique. Ceci étant, le schéma stéréochimique est celui de la figure 42.

On trouve comme distance des deux sommets A et B exactement le côté du tétraèdre, c'est-à-dire 1.

Nous retombons ainsi sur un éloignement analogue à celui 1,089 des extrémités de la chaîne simple en C⁴ et égal à celui des radicaux fixés à un même carbone, tous cas pour lesquels la réaction est spontanée quand elle est possible. Nous avons donc de sérieuses raisons de penser que nous allons voir reparaître la spontanéité de réactions entre les hydroxyles fixés en A et B. Si les faits nous donnent raison, ce sera une importante justification de nos spéculations.

Les corps dérivant par substitution de l'acide de formule :

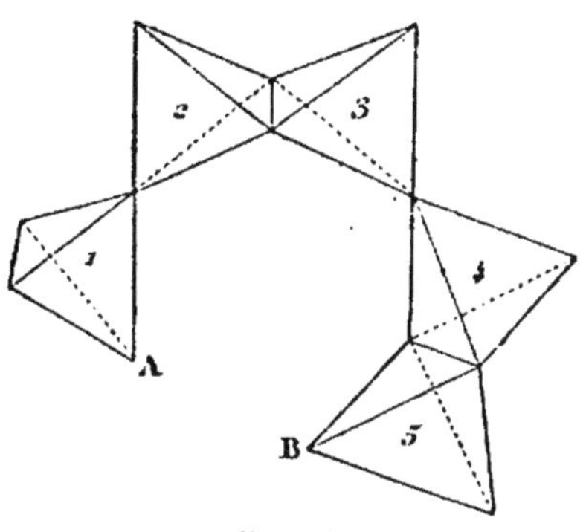

Fig. 42.

$$CHOH = CH - CH = CH - CO^2H$$

nous offriront dans cette série l'analogue des acides donnant naissance aux olides. Or, de même que pour les γ. oxyacides gras, où la distance entre les OH est à peu près la même, les corps de cette formule sont, où impossibles à obtenir, où très facilement transformables en dérivés de la coumaline.

$$\begin{array}{c}
CH \\
CH \quad CH \\
CH \quad CO \\
O
\end{array}$$

Ainsi l'acide

$$CHOH = C(CO^2H) - CH = CH - CO^2H$$

ne peut exister que sous la forme de l'anhydride ou acide coumalique :

$$\begin{array}{c}
CH \\
CO^2H - CH \quad CH \\
CH \quad CO \\
O
\end{array}$$

corps très stable, qui chauffé, perd CO^2 et donne la coumaline.

L'acide oxymésitènecarbonique:

$$CH^3 - COH = CH - C(CH^3) = CH - CO^2H$$

abandonné simplement sous une cloche en présence d'acide sulfurique, perd H^2O et se transforme, par réaction interne spontanée entre ses deux OH, en mésitènolide où diméthylcoumaline.

$$
\begin{array}{c}
CH^3 \\
| \\
C \\
\diagup \diagdown \\
CH \quad CH \\
\| \qquad | \\
CH^3 - C \quad CO \\
\diagdown \diagup \\
O
\end{array}
$$

(Hantzsch, *Lieb. Ann.*, CCXXII, 16)

L'acide oxymésitènedicarbonique n'est pas connu à l'état libre, et son éther acide :

$$
\begin{array}{cc}
CO^2C^2H^5 & CH^3 \\
| & | \\
CH^3 - COH = C \text{———} C = CH - CO^2H
\end{array}
$$

chauffé légèrement, même en solution aqueuse, perd immédiatement de l'eau par réaction interne et donne l'éther diméthylcoumalinecarbonique ou isodéhydracétique :

$$
\begin{array}{c}
CH^3 \\
C \\
\diagup \diagdown \\
CO^2C^2H^5 - C \quad CH \\
\| \qquad | \\
CH^3 - C \quad CO \\
\diagdown \diagup \\
O
\end{array}
$$

(Hantzsch, *Lieb. Ann.*, CCXXII, 22)

Enfin, l'acide citracoumalique dérivé de l'acide acétone-dicarbonique,

$$CH^2 - CO^2H$$
$$|$$
$$C$$
$$CO^2H - C \qquad CH$$
$$||$$
$$CO^2H - CH^2 - C \qquad CO$$
$$|$$
$$O$$

ne peut être obtenu que sous cette forme lactonique.

b. — Chaîne C = C — C — C = C. — Dans cette chaîne, de même que dans la précédente, il est tout d'abord nécessaire pour qu'une action soit possible entre les radicaux placés aux extrémités, que chacune des portions de la chaîne, de part et d'autre d'une double liaison, soit en position maléique. Le schéma stéréochimique de la chaîne est alors celui de la figure 43.

La distance minima des deux sommets A et B est encore ici égale à 1. Nous devons donc avoir des réactions spontanées entre radicaux fixés à ces sommets.

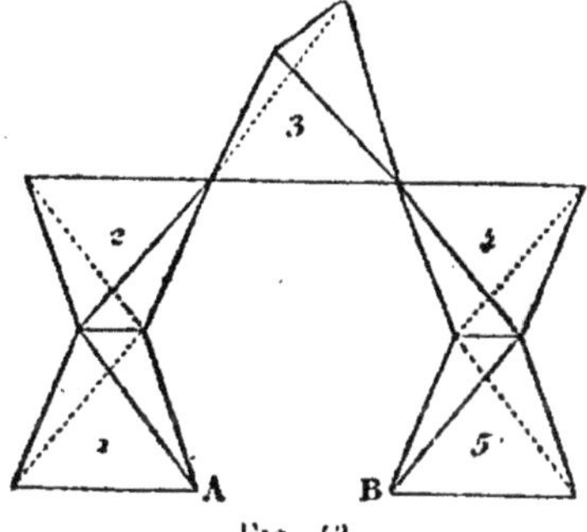

Fig. 43.

Dans ce groupe rentrent les nombreux dérivés de la pyrone. Les corps renfermant le groupement :

$$X - CO - CH^2 - CO - CH^2 - CO - X'$$

se comportent souvent comme possédant la formule tautomérique :

$$X - COH = CH - CO - CH = COH - X'$$

et rentrent sous cette forme dans le cas que nous examinons. Or, ils donnent, en effet, spontanément, une molécule d'eau par réaction interne entre leurs hydroxyles, et fournissent des dérivés de la pyrone :

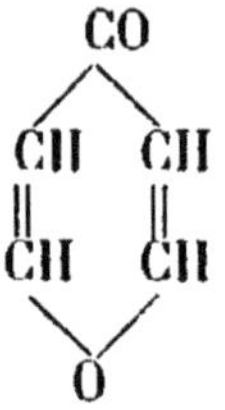

$$
\begin{array}{c}
CO \\
\diagup \ \diagdown \\
CH \quad CH \\
\| \qquad \| \\
CH \quad CH \\
\diagdown \ \diagup \\
O
\end{array}
$$

Ainsi l'acide xanthochélidonique :

$$CO^2H - COH = CH - CO - CH = COH - CO^2H$$

n'est stable que sous forme de sel. Les solutions acides se transforment spontanément en acide chélidonique par réaction interne entre les 2 OH :

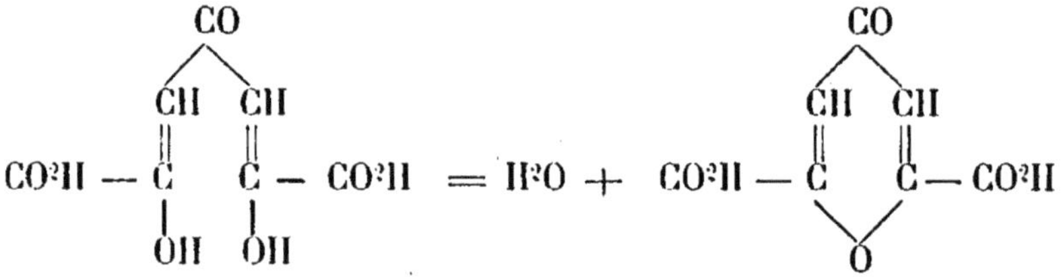

$$
CO^2H - \underset{\underset{OH}{|}}{\overset{\overset{CH}{\|}}{C}} \quad \underset{\underset{OH}{|}}{\overset{\overset{CH}{\|}}{C}} - CO^2H \ = \ H^2O \ + \ CO^2H - \overset{\overset{CH}{\|}}{C} \quad \overset{\overset{CH}{\|}}{C} - CO^2H
$$

De même la diacétylacétone :

$$CH^3 - COH = CH - CO \cdot - CH = COH - CH^3$$

se transforme lentement à la température ordinaire et rapidement par chauffage en diméthylpyrone :

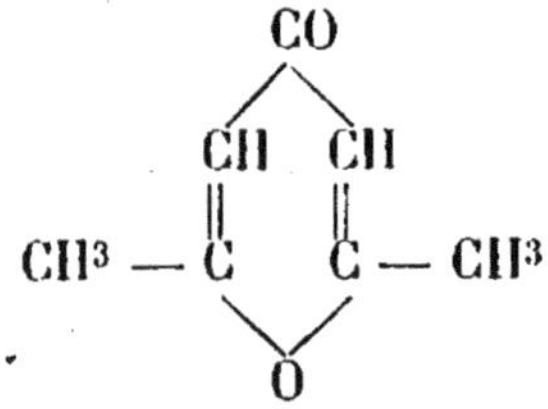

$$
\begin{array}{c}
CO \\
\diagup \ \diagdown \\
CH \quad CH \\
\| \qquad \| \\
CH^3 - C \quad C - CH^3 \\
\diagdown \ \diagup \\
O
\end{array}
$$

(Fest. *Lieb. Ann.*. CCLVII-276). — Cette réaction spontanée est générale. C'est le mode de synthèse des dérivés pyroniques.

V. — Chaînes en C^6. — Nous sommes maintenant en présence d'une chaîne qui ne saurait avoir les centres de gravité de ses tétraèdres dans le même plan quand elle est ouverte, sans que cela n'amène une forte tension de l'ensemble de la molécule. En effet, quand cinq atomes de carbone sont déjà rangés de cette façon, nous savons qu'il reste seulement entre les deux sommets extrêmes une distance de 0,111, insuffisante pour permettre à un sixième atome de carbone de s'intercaler. Ou bien, si l'on veut y parvenir, il faudra amener une dilatation de la chaîne, et, par suite, une tension dans la molécule. Si aux deux sommets C_I et C_{VI} sont deux hydroxyles, une réaction réciproque avec élimination d'eau exigerait que l'on intercalât un atome d'oxygène entre ces deux sommets, et que l'on augmentât encore la tension de la molécule.

De ces considérations résulte que la position favorisée normale d'une chaîne ouverte en C^6 amènera toujours un écart entre les deux sommets extrêmes, et que toute réaction entre deux radicaux fixés en C_I et C_{VI} sera impossible, quand elle aura pour effet d'introduire encore un nouvel atome joignant ces deux sommets.

Il est impossible, en effet, de ne pas être frappé de cette circonstance que l'on ne connaît aucun corps formé par deshydratation, comme ceux que nous avons si souvent observés pour des chaînes en C^4 et en C^5.

L'acide adipique, par exemple :

$$CO^2H — CH^2 — CH^2 — CH^2 — CH^2 — CO^2H$$

ne fournit pas directement un anhydride analogue à l'anhydride succinique, et répondant à la formule :

$$CO — CH^2 — CH^2 — CH^2 — CH^2 — CO$$
$$\underline{\hspace{2cm} O \hspace{2cm}}$$

L'introduction de radicaux alcooliques à la place de l'H du squelette ne modifie pas cette incapacité (Zélinsky, *Ber.*, XXIV, 3998).

Une double liaison, qui doit amener une légère dilatation, évidemment insuffisante, ne produit pas plus d'effet. Les deux acides :

$$CO^2H — CH = CH — CH^2 — CH^2 = CO^2H$$
$$\Delta\text{-}\alpha\text{-}\beta. \text{ dihydromuconique}$$
$$CO^2H — CH^2 — CH = CH — CH^2 — CO^2H$$
$$\Delta\text{-}\beta\text{-}\gamma. \text{ dihydromuconique}$$

ne donnent pas davantage d'anhydrides.

Deux doubles liaisons, dans l'acide muconique :

$$CO^2H - CH = CH - CH = CH - CO^2H$$

ne sont pas plus efficaces. L'anhydride muconique n'a pas été obtenu (1).

Fermeture directe de la chaine. — C'est donc un caractère sans exception dans cette chaîne, que l'impossibilité de la fermer sur un atome étranger — par réaction entre deux radicaux fixés en 1 et 6, — mais sa fermeture directe en hexaméthylène est-elle plus facile?

Nous avons vu, dans la première partie, que l'hexaméthylène ne présente qu'une faible tension, nulle même si on admet la formule de Sachse, où les carbones sont dans deux plans parallèles.

Au sujet des chaînes en C⁵ constituées de la manière suivante :

$$C = C - C = C - C$$
$$C = C - C - C = C$$

Nous avons ensuite remarqué que la distance minima entre les deux sommets extrêmes est égale au côté du tétraèdre. En conséquence, la chaîne :

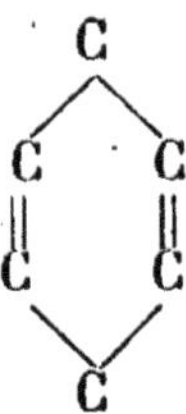

formée en intercalant un carbone entre ces deux sommets, est encore sans tension.

Enfin la chaîne fermée :

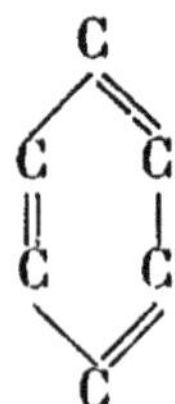

<hr>

(1) L'acide adipique fournit cependant, par le perchlorure de phosphore, mais non par le chlorure d'acétyle, un anhydride, mais très difficilement. En outre, ce corps est très instable et exposé à l'air s'hydrate spontanément (Elaix, *Comm. pers.*). Cette instabilité prouve la grande tension de la chaîne.

ne doit présenter aussi qu'une tension très faible, nulle même si dans
le double lien, comme le veut Baeyer, les directions des valences qui y
sont intéressées deviennent parallèles.

Toutes ces prévisions créent en faveur des chaînes fermées en C^6 un
avantage considérable. Nous savons combien souvent on les trouve
réalisées dans la nature sous la forme des composés benzéniques et de
leurs dérivés hydrogénés.

Or, ici encore, Perkin a obtenu une fermeture directe de la chaîne
des carbones par simple déshydration, comme dans le cas si remarquable du diacétylbutane. — En chauffant le diacétylpentane :

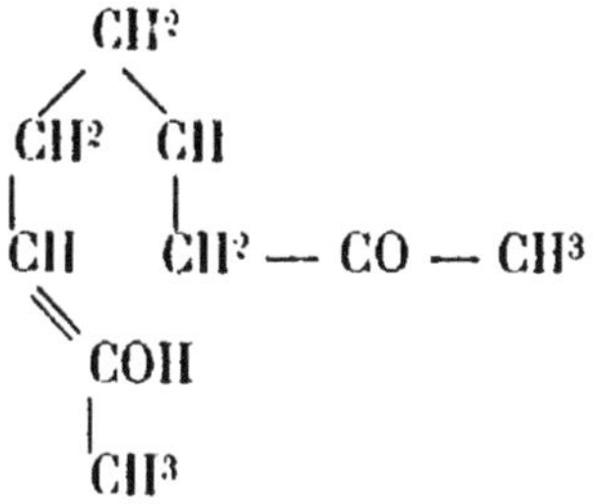

$$CH^2$$
$$CH^2 \quad CH$$
$$CH \quad CH^2 - CO - CH^3$$
$$COH$$
$$CH^3$$

avec de l'acide sulfurique, on a, en effet, la réaction si exceptionnelle :

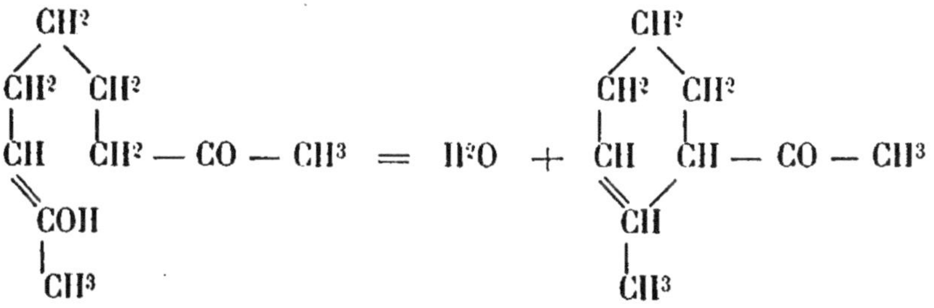

$$CH^2 \qquad\qquad CH^2$$
$$CH^2 \quad CH^2 \qquad CH^2 \quad CH^2$$
$$CH \quad CH^2 - CO - CH^3 = H^2O + CH \quad CH - CO - CH^3$$
$$COH \qquad\qquad CH$$
$$CH^3 \qquad\qquad CH^3$$

(Kipping et Perkin, *Chem. Soc.*, LV, 355.)

On connaît aussi la synthèse analogue de l'α-naphtol au moyen de
l'acide phénylisocrotonique chauffé à 350° :

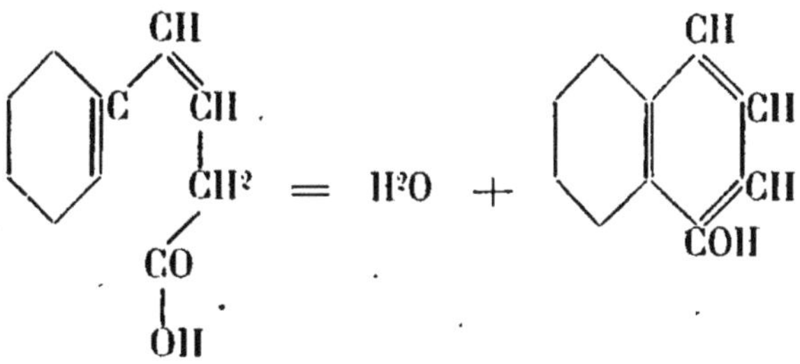

$$CH$$
$$C \quad CH$$
$$CH^2 = H^2O +$$
$$CO$$
$$OH$$

$$CH$$
$$CH$$
$$CH$$
$$COH$$

(Fittig et Erdmann, *Lieb. Ann.*, CCXXVII, p. 242.)

Voici encore un autre cas fort intéressant de fermeture directe d'une chaine en C^6.

Par la condensation des dicétones de formule :

$$X - CH^2 - CO - CO - Y$$

sous l'influence de la potasse, on obtient des produits formés par la soudure de deux molécules, et qui ont la formule :

$$X - C - CO - CO - Y$$
$$Y - C - CO - CH^2 - X$$

Ces corps, auxquels on a donné le nom de *quinogènes*, perdent alors une molécule d'eau avec la plus grande facilité, aux dépens de l'O du CO voisin de Y et de H^2 pris au sixième carbone à partir de lui. On obtient ainsi des quinones substituées :

$$X - C - CO - CO - Y \qquad X - C \overset{CO}{\diamond} C - Y$$
$$Y - C - CO - CH^2 - X \;=\; Y - C \underset{CO}{\diamond} C - X \;+\; H^2O$$

Ainsi, avec le diacétyle (butanedione 2. 3)

$$CH^3 - CO - CO - CH^3$$

On a successivement :

$$CH^3 - CO - CO - CH^3$$
$$CH^3 - CO - CO - CH^3$$
$$=\; H^2O \;+\; \begin{array}{c} CH - CO - CO - CH^3 \\ CH^3 - C - CO - CH^3 \end{array}$$

dimethylquinogène

puis :

$$\begin{array}{c} CO \\ CH \quad CO - CH^3 \\ CH^3 - C \quad CH^3 \\ CO \end{array} \;=\; H^2O \;+\; \begin{array}{c} CO \\ CH \quad C - CH^3 \\ CH^3 - C \quad CH \\ CO \end{array}$$

Avec l'acétylpropionyle (pentanedione 2. 3)

$$CH^3 - CO - CO - CH^2 - CH^3$$

On a la duroquinone :

$$
\begin{array}{c}
CO \\
CH \quad C - CH^2 - CH^3 \\
CH^3 - CH^2 - C \quad CH \\
CO
\end{array}
$$

Cette réaction est générale, comme on le voit. Ce n'est que dans les termes en C^5 et en C^6 que nous la remarquons.

(Voir Pechmann, *Ber.* XXI, 1417)

Ces fermetures directes si remarquables se multiplieront certainement, car elles présentent un caractère général.

La formation caractéristique des dérivés du benzène par soudure entre trois molécules acétyléniques, qui a lieu parfois spontanément, prouve que ce mode de polymérisation donne naissance à un anneau offrant des conditions exceptionnelles d'équilibre interne.

VI. — Cas des chaînes formées d'un plus grand nombre d'atomes de carbone et conclusions. — Ainsi donc avec les chaînes en C^5 semblent cesser les réactions faciles et spontanées entre radicaux placés aux extrémités de la chaîne. On ne voit plus reparaître, par exemple, la formation des lactones ou des anhydrides des acides bibasiques.

Cette inaptitude existe-t-elle pour les termes très supérieurs ? Il est probable que pour des composés à longue chaîne, la chance du rapprochement des extrémités par des modifications dans les positions favorisées augmente. Mais nous manquons encore de documents à ce sujet. On connaît seulement un anhydride sébacique obtenu par Auger (*Ann. Chim.*, [6], XXII, 363) qui aurait pour formule :

$$
\begin{array}{c}
CO - (CH^2)^8 - CO \\
| \quad\quad O \quad\quad |
\end{array}
$$

Tout dernièrement F. Anderlini (*Atti di R. Acc. d. Lincei* 1894, 1er

Sem., 393) a obtenu l'anhydride subérique :

$$CO - (CH^2)^6 - CO$$
$$|\underline{\hspace{3em}O\hspace{3em}}|$$

l'anydride azélaïque :

$$CO - (CH^2)^7 - CO$$
$$|\underline{\hspace{3em}O\hspace{3em}}|$$

et l'anhydride sébacique. La simple distillation des acides correspondants donne une deshydration partielle. Le chlorure d'acétyle agit plus complètement. Ces faits semblent bien confirmer ce que nous disons.

Il y a enfin des faits semblant prouver que les longues chaînes sont susceptibles de prendre des formes gauches très compliquées peut-être, et déterminées par des conditions d'équilibre interne relevant des positions favorisées, qui font que des groupes, même très éloignés dans la molécule et non susceptibles de réactions directes, pourront sous l'influence d'agents extérieurs puissants réagir de préférence à des groupes semblables pris dans deux molécules distinctes. Nous allons donner deux exemples très intéressants de cette propriété des longues chaînes.

Soudure pinaconique. — Nous connaissons le phénomène de soudure qui donne naissance à la pinacone, deux molécules d'acétone fournissant par H naissant la réaction :

$$
\begin{array}{ccc}
CH^3 - CO - CH^3 & & CH^3 - COH - CH^3 \\
H^2 & = & | \\
CH^3 - CO - CH^3 & & CH^3 - COH - CH^3
\end{array}
$$

Le diacétyle donne de même :

$$
\begin{array}{ccc}
CH^3 - CO - CO - CH^3 & & CH^3 - COH - CO - CH^3 \\
H^2 & = & | \\
CH^3 - CO - CO - CH^3 & & CH^3 - COH - CO - CH^3
\end{array}
$$

(Pechmann, *Ber.*, XXI, 1421).

L'acétylacétone donne aussi partiellement :

$$CH^3 - CO - CH^2 - CO - CH^3$$
$$H^2$$
$$CH^3 - CO - CH^2 - CO - CH^3$$

$$=$$

$$CH^3 - COH - CH^2 - CO - CH^3$$
$$|$$
$$CH^3 - COH - CH^2 - CO - CH^3$$

le corps formé perdant d'ailleurs ensuite H^2O entre ses $2OH$ et donnant l'anhydride $C^{10}H^{18}O^3$ (Combes, *Ann. Chim.*, [6], XII, 207).

Chez tous ces corps, on le voit, la soudure pinacolique se fait entre deux CO pris à deux molécules différentes. Dans les deux derniers, il y a pourtant au sein d'une seule molécule les deux CO qui pourraient servir à une soudure interne de cette forme. Si ces deux CO ne sont pas utilisés de cette façon, nous savons que cela tient à la tension qu'introduirait la fermeture d'anneaux aussi courts, et nous ne nous en étonnons pas.

Mais pour le diacétylpentane :

$$CH^3 - CO - CH^2 - CH^2 - CH^2 - CH^2 - CH^2 - CO - CH^3$$

St. Kipping et Perkin junior (*Chem. Soc.*, XXVIII, 330) sont arrivés à un résultat très remarquable. Ils ont eu par l'action du sodium et de l'eau cette soudure interne que nous cherchons et ont obtenu régulièrement et uniquement la réaction :

$$
\begin{array}{ccc}
CH^2 - CH^2 - CO - CH^3 & & CH^2 - CH^2 - C' \Big\langle {}^{OH}_{CH^3} \\
CH^2 \qquad + H^2 \quad = & & CH^2 \qquad\qquad | \\
CH^2 - CH^2 - CO - CH^3 & & CH^2 - CH^2 - C \Big\langle {}^{CH^3}_{OH}
\end{array}
$$

Il y a, par conséquent, formation d'un dérivé de l'heptaméthylène. Il semble donc que quoique les groupes en I, VII ne se prêtent pas à des réactions réciproques faciles, ils leur soient encore plus favorables que deux groupes semblables pris dans deux molécules distinctes. Il est très probable que cela continuera à être vrai pour des chaines encore plus longues, jusqu'à une limite impossible à prévoir. Cette remarquable propriété permettra ainsi de nombreuses synthèses d'anneaux fermés.

Réaction de Claisen et Wislicenus. — On connaît le phénomène
de soudure produit par le sodium sur les éthers gras, qui donne naissance à l'éther acétylacétique et peut être schématisé par l'équation :

$$CH^3 - \underset{\underset{OC^2H^5}{|}}{CO} + CH^3 - CO.OC^2H^5 = CH^3 - CO - CH^2 - CO^2C^2H^5 \quad + C^2H^5OH$$

Cette soudure, appliquée à l'éther succinique :

$$CO^2C^2H^5 - CH^2 - CH^2 - CO^2C^2H^5$$

pourrait fournir par réaction interne le corps triméthylénique :

$$CO^2C^2H^5 - CH - CH \diagdown CO \diagup$$

Mais, on n'a pas ceci, à cause des tensions qui existeraient chez un
tel corps ; on a soudure de deux molécules et formation de l'éther suc-
cinylsuccinique :

$$= \quad + 2C^2H^5OH$$

Or Dieckmann (*Ber.*, XXVII, 102) a constaté qu'il n'en est plus de
même pour l'éther adipique :

$$CO^2C^2H^5 - CH^2 - CH^2 - CH^2 - CH^2 - CO^2C^2H^5$$

On a bien ici la réaction interne signalée et formation d'un corps pentaméthylénique d'après l'équation :

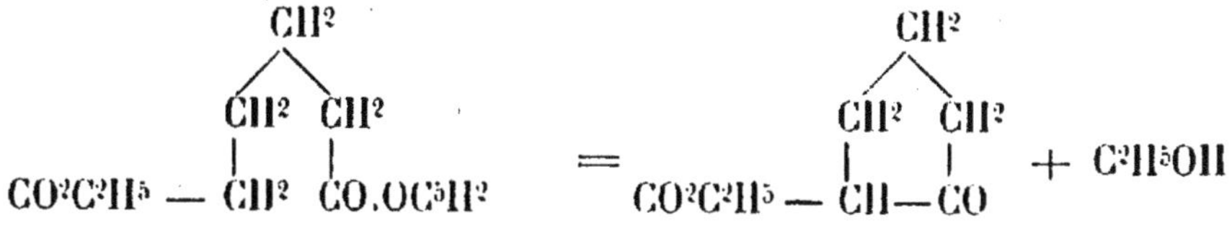

$$
\begin{array}{ccc}
& CH_2 & \\
& CH_2 \quad CH_2 & \\
CO_2C_2H_5 - CH_2 \quad CO.OC_2H_5 &=& CO_2C_2H_5 - CH{-}CO + C_2H_5OH
\end{array}
$$

Ceci se produit encore pour le pimélate d'éthyle :

$$CO_2C_2H_5 - CH_2 - CH_2 - CH_2 - CH_2 - CH_2\,CO_2C_2H_5$$

qui donne un dérivé hexaméthylénique, d'après la réaction :

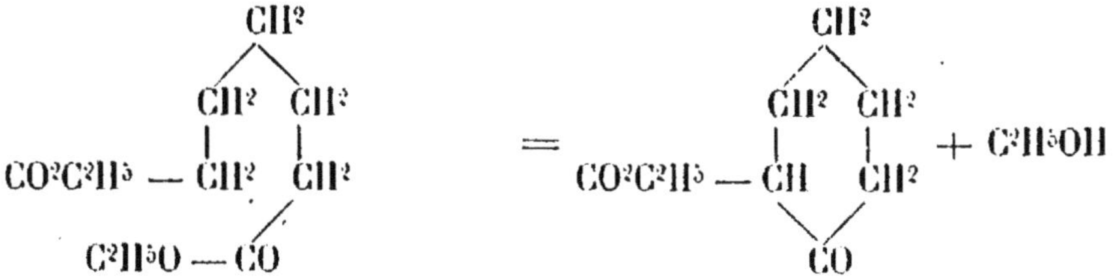

$$
\begin{array}{ccc}
& CH_2 & \\
& CH_2 \quad CH_2 & \\
CO_2C_2H_5 - CH_2 \quad CH_2 &=& CO_2C_2H_5 - CH \quad CH_2 + C_2H_5OH \\
C_2H_5O - CO & & CO
\end{array}
$$

Cette réaction interne avec fermeture se poursuivra sûrement pour les homologues encore supérieurs.

Soudure acétonique pyrogénée. — On connaît encore le mode de soudure utilisé pour la formation des acétones par la distillation des sels de chaux des acides gras. Elle peut être schématisée par l'équation :

$$
\begin{array}{ccc}
R - CH_2 - CO - OH & & R - CH_2 - CO \\
+\ R' - CH_2 - CO_2H &=& R' - CH_2 \quad + CO_2 + H_2O
\end{array}
$$

Dans un acide bibasique suffisamment long, on doit alors avoir une soudure interne du genre de celle-ci :

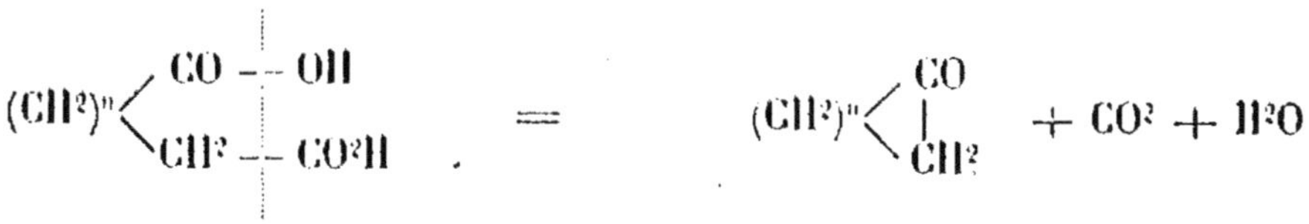

$$
(CH_2)_n \Big\langle \begin{array}{l} CO - OH \\ CH_2 - CO_2H \end{array} \quad = \quad (CH_2)_n \Big\langle \begin{array}{l} CO \\ CH_2 \end{array} + CO_2 + H_2O
$$

Cette réaction ne semble pas encore possible pour l'acide succinique où $n = 2$. Mais elle se produit pour l'acide adipique :

$$CH^2\Big\langle\begin{matrix}CH^2 - CO - OH\\CH^2 - CH^2 - CO^2H\end{matrix} \quad = \quad CH^2\Big\langle\begin{matrix}CH^2 - CO\\CH^2 - \ \ CH^2\end{matrix}\Big| + CO^2 + H^2O$$

et de même pour l'acide subérique :

$$CH^2\Big\langle\begin{matrix}CH^2 - CH^2 - CO - OH\\CH^2 - CH^2 - CH^2 - CO^2H\end{matrix} = CH^2\Big\langle\begin{matrix}CH^2 - CH^2 - CO^2\\CH^2 - CH^2 - CH^2\end{matrix}\Big| + CO^2 + H^2O$$

Le corps ainsi obtenu, dérivé heptaméthylénique, est depuis longtemps connu sous le nom de subérone. Ce sont les tout récents travaux de Wislicenus qui ont établi sa vraie nature et généralisé cette soudure interne (Lieb. *Ann.* CCLXXV, 305).

En résumé, on le voit, les trois remarquables modes de soudure que nous venons de montrer, appuient ce que nous avons dit sur l'avantage général des réactions au sein de la molécule pour les longues chaînes.

Nous voici parvenus au terme de cette étude. A coup sûr, beaucoup d'entre les théories que nous avons exposées ne sont guère que des hypothèses. Mais une hypothèse, même audacieuse, n'est-elle pas recommandable, quand elle se prête à des déductions vérifiables et fécondes ? Il semble bien que ce soit ici le cas, comme nous avons tenté de le montrer.

Documents manquants (pages, cahiers...)
NF Z 43-120-13